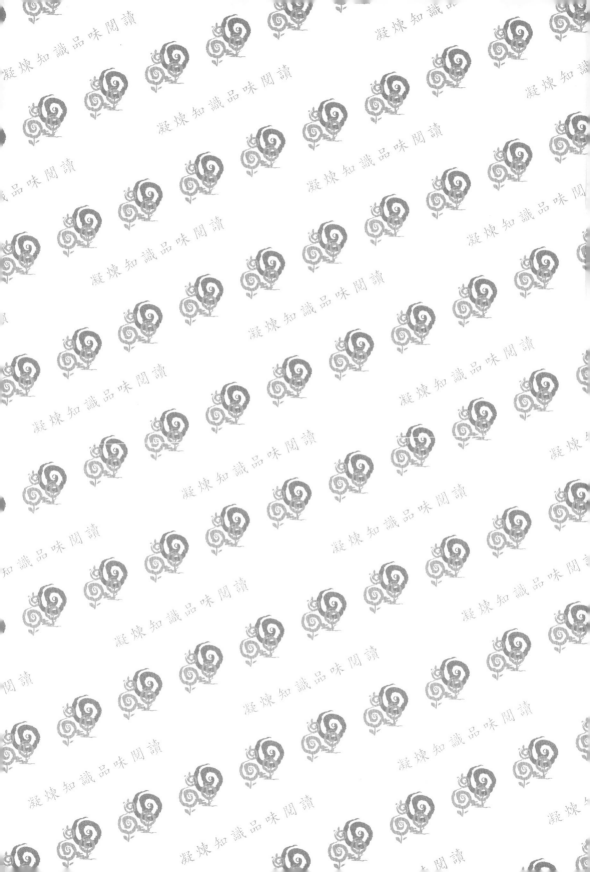

A Roadmap for
Nuclear Waste Resolution

處理核廢料
之完整藍圖

五南圖書出版公司 印行

此書獻給

謹以此書獻給我的母親叢其蘊、父親趙桂海、妻子游春美。
他們對我的愛與付出，造就了我。

核廢料？核資產？

核廢料真的是難以處理的廢物嗎？長期以來，我們總在核廢料危害後世子孫數萬年的恐慌中排斥核能，所有核廢料的思考就集中在能否找到核廢料的永久處置場，但若核廢料所具備的高輻射能量未來可以成為後世子孫的核資產，我們討論用過一次的核燃料棒時自然要有完全不同的思維。

全球氣候變遷與淨零排碳已成為人類共同課題與責任，在尋覓各種淨零路徑的努力中，核能的零碳排、穩定與低成本特性重新獲得青睞。

近來國際上掀起的核能復興浪潮，消極面來看，似乎是無可奈何的選擇，所有能源開發路徑都不可能幫助人類趕上 2050 年淨零碳排的目標，但更多投入分析解決碳排問題的人士，是澈底理解核燃料可循環運用的特質，理解核廢料未來可能價值後，從核廢料恐懼中解放，轉向積極擁抱新一代核能運用開發與研究。

比爾蓋茲是投入心力與資金的代表，國際知名的大導演奧立佛史東則是推廣宣導的另一個代表。

2018 年「以核養綠」公投案推動過程中，我有幸認識趙嘉崇博士，他是世界級的核安專家，參與分析處理世界核能電廠各種意外事件或事故，核能理論到實務的各方面都有深入了解。

我兩度訪問趙嘉崇博士，也曾私下透過網路跨洋請教趙博士核能相關議題，他總能用最淺顯的方式，幫助我這樣的外行人理解核能與核廢料的基礎概念。

趙博士有項特點也讓人印象深刻，談起核電他不會侷限於物理特性等探討，核電的發展涉及工程手段的可實現性，經濟效益評估，材料科學發展與政治、政策互動，他都會一併納入思考，細細剖析，讓人們對未來可

實現的路徑有更清楚的藍圖。

2022 年趙博士也在台灣藉由五南圖書出版股份有限公司出版繁體中文的《全面透視核能》一書。

這一次他直接聚焦核廢料這個主題。

用過一次的核燃料棒使用的能量只有百分之五，餘下的百分之九十五能量所具備的諸多元素，不論是鈾、鈽、次鋼系元素或其他核分裂衍生物，距離我們一般人都是遙遠難解的化學名詞，但他們的高放射性特性，不論是進一步的提供能量，工業與醫學運用，乃至於太空探索的能量來源，都已是科學界正努力的方向。

台灣產業高度依賴出口，各國在追求淨零路徑上對進口產品可能或已出現的零碳要求只會越來越嚴格；另一方面，台灣獨立電網的特性，也讓台灣必須有一套完整的零碳能源藍圖。

這已經不是缺電與否的便利問題，也不只是電價高低的經濟問題，而是產業還能否發展的生存問題。

面對問題，解決問題，這才是我們這一代人負責任的態度。

台灣或許無法單獨建立核燃料循環方案，但理解核廢料的資產價值，建立核廢料資產數據，參與國際核燃料研究，為台灣建立遠程的核能政策。

這一切工作不能只期待政治人物，你我才是推動政治人物進步的原動力。這些功課，就從認識核廢料開始吧。

資深媒體人　陳鳳馨

核能發電燃料體積小，易於運輸與儲存，核電機組一次更換燃料可以使用 18～24 個月；核能發電成本中，購買燃料成本佔比低，故發電成本不因國際能源價格飆漲，有大幅度的波動。更重要的是，核能發電單位發電量的碳排幾乎是各種發電方式中最低的，根據聯合國政府間氣候變遷專門委員會（IPCC）的資料，每度核電生命週期排放的溫室效應氣體量為每度 24 克，與陸地及海域風電相當，而大型光電的排放強度為每度 48 克。

近年來，溫室效應氣體在大氣中的累積，造成氣候的變遷，對人類的活動，甚至生存，帶來重大的影響。烏克蘭與蘇俄的戰爭，中東再一次的兵凶戰危，讓各國政府都體認到能源供應與價格穩定，對國家安全的重大衝擊。根據國際核能組織的資料，世界上有 50 個國家準備擴張核能佔比，開始興建核能電廠或規劃核能的使用。國際能源署也認定人類要在 2050 年達到碳中和，核能是不可或缺的能源，歐盟也認同核能可以視為綠能。時空環境的改變，核能在未來能源供應上將扮演更重要的角色，是毋庸置疑的。

不可諱言的，核能發電的使用確實是一個具爭議，且有多層面向的議題。能源的使用是一項選擇，既然是選擇，必然要考慮國家特殊的天然條件與地緣關係，當然不可避免的會參雜個人主觀的認知與價值觀，也與國民對能源議題的了解程度有關。

長久以來，反對使用核電最重要的原因為對輻射的恐懼，擔心核電廠發生爐心熔毀事故，導致放射性物質的外釋，對民眾造成健康的影響，以及憂慮無法處置含有長半衰期放射性核種的高階「核廢料」。

　　趙嘉崇博士，美國麻省理工學院核工博士，曾任職美國的電力研究院（Electric Power Research Institute, EPRI），專責於核子動力反應器安全分析與評估相關研究的督導與規劃，對於影響核能業界的三件事故，美國三哩島、前蘇聯車諾比與日本福島事故，有透徹的了解。趙博士也曾在多所世界著名大學客座，擔任享譽國際的核能期刊的編輯，趙博士在核能領域的學術界與產業界都頗負勝盛名。他於 2022 年出版「A Complete Perspective of Nuclear Energy」，中譯為《全面透視核能》該書中，對核能發電的基本原理，核電廠技術、核能安全、核武擴散與核廢料等議題都有著墨，深入淺出，是了解核能絕佳的工具。該書的重點可以說是闡述核電的安全性。

　　他有感於民眾與決策者對於核廢料的妥善處置多有疑慮，趙博士不眠不休的完成了第二部鉅著，《處理核廢料之完整藍圖》，對核廢料議題做了更深入的剖析，也從各個不同的層面探討核廢料，也適切的提出他的見解，並對能源政策決策者與執行者提出具體的建議。

　　在討論核廢料議題前，首先要知道，依照廢料中放射核種的數量，以及放射性核種的半衰期長短。核廢料粗分為兩大類，一類為放射性核種含量低，且核種半衰期較短，通稱為低階核廢料。全世界已有超過 100 座的低階核廢料終期處置設施，低階核廢料可以妥善處置已毋庸置疑，需要克服的只是民眾的鄰避效應。

　　另一類為核種半衰期長，且廢料中放射性核種含量較高的高階的核廢料。核燃料使用後，自爐心退出的燃料，稱為使用過核燃料，含有多種與大量放射性核種，包括分裂產物，以及半衰期非常長的超鈾元素。事實上，使用過核燃料中，尚有大量的能源，若經過再處理的程序，可以回收鈾與鈽，再次置入核反應器，產生能量。用過核燃料再處理後剩下來不可用的物質，才是真正的高階核廢料。處置的方式是將高階核廢料以玻璃材料固化，加以適當的多層包覆，再進行深層地質處置，也就是埋存在約 500 公尺深，地質條件適當的地窖中，再將地窖填滿遇水會膨脹的膨潤

土。玻璃固化材料、多層包覆材料、膨潤土，以及 500 公尺厚的地殼，將放射性核種與與生物圈隔離，避免對生物圈產生的影響。目前美國已有一座高階核廢料處置場，位於墨西哥州，永久儲存生產核武產生的高階核廢料。

反核團體認為任何的隔離措施要保證萬年，或者 10 萬年有效是不可能的事。滄海桑田，他們可以想像出各種的情境，擔心核廢料會對後代子孫帶來危害。但是替萬年後子孫憂心的人，是否認知到任何發電方式都會產生廢棄物，生產光電池晶片的過程會產生各類型的廢棄物、光電池本身也是廢棄物、風機的葉片、化石燃料發電排放的二氧化碳更是廢棄物。

在各種發電方式中，單位發電量產生的廢棄物，核能發電遠遠的低於其他發電方式。核能發電是對產生的廢棄物最負責任的發電方式。不論是高階或低階核廢料都留有完整的記錄與妥善包裝處置，儲存時絕對沒有任何安全顧慮。深層地質的永久處置，再以千年計的可見未來，可以有效的將放射性核種與生物全隔離。那些為萬年後子孫憂心的人，是否想過非核的地球，30 年後還適合子孫居住嗎？

用過核燃料再處理可以大幅度減少需要處置廢棄物總量，又能回收可以再次作為燃料的鈾與鈽，但是麻煩的是鈽可以製造原子彈，如果處理後的鈽是單獨存在，核燃料再處理有核武擴散的疑慮。再加上燃料再處理程序複雜昂貴，有些國家已經決定將用過核燃料視為廢棄物，直接進行前述的深層地質處置，也就是將用過核燃料適當的包裝後，埋存在約 500 公尺深，地質條件適當的地窖中。這些國家包括瑞典、芬蘭、美國等國。瑞典與芬蘭已找到場址，已開始儲存設施的興建。美國也選內華達州猶卡山場址，設施的設計已完成，但因政治因素，設施的興建已延宕超過 10 年。台灣目前的政策是將用過核燃料視為廢棄物，直接進行深層地質處置，且有尋覓場址與設施興建的完整路徑圖，但高喊「非核家園」的執政黨，並沒有認真地依路徑圖執行。

高階核廢料或者用過核燃料都需要與生物圈妥善隔離萬年，才能讓

民眾安心。有沒有辦法讓那些常半衰期的放射性核種消失呢？利用中子撞擊放射性核種，中子被吸收會改變原子核的組成，改變其半衰期，這個過程稱為嬗變，嬗變也會產生能量。我們可以將高階核廢料置於會大量產生中子的裝置中，反應器或是其他設施，以適當之能量分布的中子照射，誘發嬗變反應。利用嬗變消滅常半衰期的核種是可行的，但牽涉到新的程序與技術的發展，需要新的燃料再處理技術與新型核反應器（嬗變裝置）的開發。事實上，大家夢寐以求的核融合反應器技術，某些核融合反應會產生中子，這些中子也可以驅動嬗變反應。換句話說，用核融合反應器「吃掉」核分裂反應器的廢料。

世界上也有不少的核能使用國家選擇「觀望」，即靜待技術進一步的發展，看是否有更好的選擇，再等待的期間，好好的照顧與監管用過核燃料，乾式儲存設施是一致的選擇。選擇觀望的國家大都是用過核燃料數量不多的國家，一來可能因為國家地質狀況，廠址難覓；二來是因為量小，設施興建分攤的單位處置成本過高，所以期盼將用過核燃料置於國際共同興建的地質處置設施。

趙博士的書對於前述的選項都有明確的闡述，由基本物理現象出發，考量工程技術、物料、經濟、政治各層面。工程技術面含括核燃料循環、用過核燃料處理、防範核武擴散、用過核燃料暫存與監管、嬗變，以及新型核反應器設計等。同時也對「核電大國」與「非核電大國」該如何面對用過核燃料議題做出具體的建議，提出充滿創意的核廢料會計學與核廢料貨幣學論述。趙博士合乎邏輯的論述與流暢的文筆，讓瞭解枯燥且複雜的科學與工程問題成為有趣的事，開卷後，不忍釋手。本書是核能工作者與對領能源域與有興趣的人，全面了解核廢料最佳的書籍。

趙博士邀請本人為《處理核廢料之完整藍圖》寫序言，是我無上的榮耀。最後我想借用趙博士書說的話，為序言畫下句點。

「建立處理核廢料的機制，來完成一系列必須執行的工作，這些工作有：

1. 成立專業處理核廢料之機構
2. 國家必須立法來規範核廢料之遠程政策
3. 儲備核能科技人才來應對專業性與跨世紀性之議題
4. 積極發展參與國際核能資產共享聯盟
5. 尋覓短期與長期核廢料儲置地點以建造設施」

國立清華大學工程與系統科學系

特聘教授 李敏

　　寫這本書的動機要從十年前發生的一個故事說起，那天我經歷了一個令人難忘的對話，也是我第一次深深感受到世人對核廢料的了解與我的認知有著天壤之別的落差，用當頭棒喝四字來形容那時候的感覺一點也不為過。事情發生的情形是這樣的，北加州有一位素質甚高的媒體人訪問我，談的是核電，涵蓋的範圍很廣，主旨是關於福島核災的情況與對美國西岸的影響。我原本也準備對核電要先做個一般性的介紹，可是，我所沒料到的是，談話中我不經意的談及核廢料還可以被提煉做再生使用時，主持人立刻大吃一驚，立即把整個訪談完全專注在這個話題上。因為那是他第一次聽到核廢料居然還能夠被提煉做再生燃料使用，於是他希望我們的談話在這個議題上能夠做更深入一點的討論。然而，我對主持人的反應也是大吃一驚，因為核廢料被提煉做再生使用，對我而言是個習以為常的事實，況且許多國家已經進行這方面的工作，也為時有數十年，所以對於主持人的反應感到非常意外。

　　這個訪談節目是以時事評論為主，已有多年歷史，有著聲譽頗高的製作品質，主持人也因為秉持專業水準而獲好評，訪談事後主持人也與我保持聯繫，主要的目的是要向我收集這個議題的資料，以便探索真相，我也樂而為之。這也印證了他在工作上認真的態度，核廢料並不是他的專業，但是從他不斷探討真相的角度，在我看來，他的確可以堪稱為媒體人之模範。

　　重點是，這件事對我一直有深遠的影響，我開始自問：像這樣有水準的媒體人尚且完全不知道核廢料可以提煉做再生之用，那麼一般民眾豈不是更不知情？我腦海中又立刻浮現了第二個問題，那就是為什麼會演變成

這樣？經過了許多年，我一直沒有放棄思考這兩個問題，同時也發現這兩個問題的答案，並不存在於專業的範圍，我必須要擴大領域，去做不同層次的搜尋與思考，才能真正明瞭發生這種情況的緣由。於是我花了不少時間，跨越不少專題領域，收集了大批資料，也研讀了許多書報。終於，在幾年後找到了答案，看清了全局，了解了整個演變的來龍去脈。

我的另外一個機運也大大幫助了我尋找答案的過程，我被邀請成為一個國際核能學術期刊的編輯。在 17 年來，我個人主持審核出版的論文稿件超過了 3000 篇，這些發表的專業文章往往代表了世界各地研究機構的最新成果，或者出自許多人的博士論文，在期刊上的發表可以印證這些論文的價值。所以，這個工作讓我有機會涉獵核能發展上最新的知識，其中不乏一些重要的新近報導，都是有關核廢料處理與核燃料之提煉做再生使用的議題，而且也包括不少有防範核武擴散考量的設計與有世紀影響性的核燃料循環策略。這些經驗與知識的累積讓我在找尋這兩個問題的答案上添增不少方便，同時也幫助我增強了信心，最大的收穫是，它也讓我有機會明白了處理核廢料的複雜性，而且又能夠清楚的得到了一個最後的結論。那就是所牽涉的議題其實共有三個：核廢料處理、核廢料提煉之再生使用與防範核武擴散。這三者，是不能分開討論的，若只針對其中一個議題來尋求解決方案，是永遠得不到完美的答案。這本書就是針對這三大議題做了剖析，也詳細的闡述它們的解方。當然，這個過程也讓我了解，為什麼世人對核廢料的認知與實際情況有很大的落差。

這三個議題，每一個議題的領域都是既廣又深，要同時探討這三個議題並不容易，何況在世界上這方面的專家並不多，這些專家們各司其職，人人忙碌於自己的領域，幾乎無人能夠抽出多餘的時間，來關心這個屬於一般社會的問題：為什普羅大眾對核廢料的認知與真正的情況有著如此大的差異？讓這個問題持續了多年而沒有答案的原因是不難理解的，舉個例子來說，能夠對三個議題說明清楚的專家，須要有適當的專業背景，而這方面的專業隸屬一門學科，稱為核反應器物理，是核能工程中的一項

領域。它完全不同於物理方面的核子物理，也不同於核能發電過程所需要的熱傳導，又與材料科學的材料力學與核能材料兩門學科完全不一樣，而世界上所有具有核反應器物理背景的專業人士，全加起來也大約只有 400人。當然這是個粗略估計的數字，而能夠推算出這個數字，也是基於我在幾十年以來與他們有工作來往的人數已達 200 人，才有把握做出這樣的估計。其中我個人熟悉的有 50 人左右，遍及世界各地，所以我能完全理解他們每天工作的重心，重點是這些專業人士，人人賦予重要使命，在有關核廢料處理，核燃料循環的工作崗位上，忙碌著執行有意義的使命，這些朋友、同僚或同事，不會有時間去關切為什麼普羅大眾對核廢料的認知會有那麼大的落差。於是一般群眾對核廢料的概念與處理核廢料的想法，在一開始就缺乏正確資料的情況下，多年累積下來，演變成了落差很大的錯誤認知，甚至在某些國家，這樣的情況變得日趨嚴重，而到了最後，形成了不利於國家前途的政策。

　　為了能夠一針見血地解釋清楚核廢料與核武的關係，我編了一個故事，但是這個故事與實際上發生的情況，並沒有很大的差異。我要說的故事是這樣開始的，如果要想製造核子武器，就要先生產核武原料，要生產核武原料，就蓋一個小型核能電廠，為了避人耳目，把所發的電統統丟掉，專心等到核廢料產生了，就取出核廢料，再抽出裡面核武原料成分就成功了。這就是為什麼，在現實生活中，現在世界上所有核能電廠，都被國際核能總署監控著，怕有人移出核廢料企圖製造核武。這個機制的形成，是基於世界上所有國家都與聯合國簽署了防範核武擴散盟約，表示他們不會或不再發展核武。同時，也允許國際核能總署派員到現場執行監督任務，控管核廢料的行蹤，嚴密看守廠內的核廢料，這一切的敘述，說明了核廢料與核武有著不可分割的關係。

　　核廢料裡面有無限資源，許多同位素可以提煉出來做醫療用、工業用或民生用，更可以用來製造成核子武器，也可以當作做再生使用，做為下一代核能電廠的原料。十年前那位媒體人在訪談中，在大吃一驚之餘，頻

頻問到如何使用提煉出來的核燃料做再生使用，我回答：可以放在下一代的快中子滋生爐中使用。他繼續問：這類快中子滋生爐何時可以問世？我誠實的回答說：我不知道，可能還需要 10 年或 20 年吧！但是如今，也就是 10 年後的今天，俄國已經成功的發展出快中子核反應爐，也開始了商業運轉。不但如此，俄國的這型新式核反應爐，不但包括滋生爐，還有另外一個版本：焚化爐，它不但可以發電還可以消耗核廢料，所以被視為快中子焚化爐，除了俄國，另外還有一位名人比爾蓋茲，在美國也不惜代價發展這一類型但是規模變小的核反應爐，它們都有共同特點，那就是既能發電又能同時消耗核廢料。這一切的發生，說明了多年以來的預測，也在十年前的訪談中提到的，現在都已一一變成了事實。

書中我有一些創新的名詞與概念，新的名詞有「核廢料會計學」與「核廢料貨幣學」。新的概念是我把「核電大國」與「非核電大國」分開，把這兩類國家在核廢料處理的政策上作分開的討論，這個方式有其必要性，因為這兩類國家所面對的議題完全不同，各自面臨的困境，與意欲發展的方向，也都不一樣，甚至還互相有利害衝突的可能性，分開的討論就能夠清晰的表達，不同國家為什麼會採取不一樣的策略進行核廢料處理。譬如說，核電大國掌握著核燃料再提煉的技術，但是擔憂世界核武擴散的問題，而非核電大國有著發展核能的意向，但苦於沒有核燃料提煉的技術，也由於簽署了防範核武擴散盟約所帶來的限制，而不能發展這類技術，因此會視核廢料為燙手洋山芋，意欲早日棄之方甘罷休。然而，這樣做也同時意味著必須拋棄核廢料所帶來的無限價值。幸好，近年美國一些智庫與國際機構發展出一套人人都可以變成贏家的機制，使這兩類國家都能完美地達到目的，這個機制稱為國際核燃料聯盟，而「核廢料會計學」與「核廢料貨幣學」這兩個名詞也代表著實踐這機制時，會是有用的觀念與工具。

在身為學術期刊編輯的許多年裡，在我審閱的論文中，有許多是關於利用電腦來學習一些數學程式的解法，根據機器或電腦判斷出來的全面範

圍，可以增快取得答案的速度，而且又不失準確性。它有個專有名詞，叫機器學習（Machine Learning），這些論文也都呈現了這個新方式，可以成功地應用到許多核能工程的領域上。看到這一切，令我不得不讚嘆，新思維的發展與新技術的誕生，會迅速促進社會進步，爲人類添加福祉，也更容易造就日新月異的新產品。我輩人士要跟上時代，必須要隨時學習新產生出來的觀念與技巧，才不會被淘汰，面對發生的這一切，核能工程的諸多領域也萬萬不可置身度外。而且，2023 年更是人工智慧大放異采的一年，一些在人工智慧方面的工具，最近也成功的問世，這可使得一些能夠提升核能發展的技術，變得更有可能會早日實現，於是我決定在書中加寫一章，專注於利用有人工智慧的機器人，在輻射環境下從事操作程序，可以突破現在核能技術上的一些瓶頸，能迅速地把核能發展提升到另一個更高的層次，也會對這本書所大幅討論的三大議題，立刻提供了賦有更高效率的解方，在倡導最好的處理核廢料策略之際，我已經看到了諸多核廢料問題被人工智慧迎刃而解的遠景。

　　處理核廢料是個相當複雜的議題，所涉及的層面不單是挖個深洞來掩埋核廢料就能夠代表的。當然，掩埋用過一次的核燃料於地底深層可以迅速消除暫時性的政治壓力，但是，所付出的代價卻是犧牲數個世代的福祉。其主要原因是核能是非常強大的能源，核廢料也代表著豐盛的資源與工具。但是，這個認知需要長久的時間才能被普羅大眾接受，如果希望普羅大眾有一天能接受這個認知，所要做的工作，第一步就是傳播正確的資訊與知識，而傳播正確資訊與知識正是這本書的主要目的。

趙嘉崇

表達感謝

　　我也要藉此，對影響我一生的師長與摯友深深表達感謝。他們是：基隆市信義國小陳一鳳老師、基隆中學王翠蓮老師、建國中學朱再發老師、輔仁大學郝思漢神父教授、德州奧斯丁大學的 Peter Riley 教授與 Billy Koen 教授、麻省理工學院 Neil Todreas 教授與 Bora Mikic 教授、阿岡國家實驗室的 James Matos 博士、美國電力研究院的 William Layman 經理與 Frank Rahn 博士、東京理工大學的 Hisashi Ninokata 教授，與成功大學的夏祖焯教授。

第 1 章　前言與總結

第 2 章　什麼是核廢料

第 3 章　核廢料與核武的關係

1 章

前言與總結

　　這本書的主要議題有三個：核廢料處理、核廢料提煉之再生使用與防範核武擴散。這三者，是不能分開討論的，若只針對其中一個議題來尋求解決方案，是永遠得不到完美的答案。

　　這本書的宗旨是要闡明這三者錯綜複雜的關係，互相牽制的脈絡，並針對所有有關議題，納入考量後，做整體的分析，來描述全面解決處理核廢料的前提與方法。所有相關的題目會在各章節做詳細的敘述與解說，而第一章，不止包括一般讀者認為是淺顯介紹的「前言」，也增添了全面性的「總結」，冀望讀者在拿起書本後在很短的時間內，能夠得到全面的概念，而不必閱讀全書的章節，與許多冗長艱澀的文字，才能得到所有的答案，因為太長的過程，反而容易讓讀者失落在專有名詞與專業概念的細節裡。

1.1　前言

　　先對一些核廢料的基本題目做一些淺顯的解說與陳述，了解到這些題目的定義與他們的相互關係，再進一步，闡述解決方案是什麼。

一、什麼是核廢料

　　在核能電廠用過一次的核燃料棒，被視為核廢料，因為核能電廠內的燃料在核反應爐內啓用之後，會產生高度輻射的衍生物，他們的輻射程度高低不等，有的被視為有害又不值得花成本去消滅的元素，有的被視為值得提煉出做為特別用途的原料，最重要的是，燃料中的鈾元素在核分裂過程會滋生出鈽元素，是核武的原料，也是下一代核反應爐的原料，而且剩下的鈾仍有使用價值，也被視為應該保存的有價物料。

核廢料本身並非廢料，核燃料棒之所以降級不再能夠使用，而被視爲核廢料，是因爲它們被目前所設計的核反應爐預先設定的物理條件所限制了，如果這些限制被另外不同的設計放寬了，那麼一模一樣的核燃料棒，不必改裝，不必再提煉，又可以再使用了，這種限制涉及了一個核反應爐物理的觀念，稱爲臨界條件，這個觀念涉及太多物理觀念，會在後面的章節內詳細說明。

二、什麼是核燃料循環與核武擴散

先介紹一下核廢料處理與核燃料再循環的關係，也淺談核廢料與核武的關係做爲開場白，因爲這兩個話題必須先介紹清楚，才容易了解核廢料處理所面臨的全部議題是什麼，在「前言」裡要鋪陳的是一些淺顯的基本概念，然後在第二部分「總結」中，用以管窺豹的方式來綜合說明核廢料應該如何處理，才能面面俱到而達到目標，同時也說明從策略、機制與執行上，應該如何定位與設計，才能正確的做到顧慮了全方位的處理核廢料。

(一) 核廢料與核武

先舉個實際的例子來說明，就比較容易了解。

一個國家，若要製造核子武器，可以建一個小型核能發電廠，爲了避人耳目，把發出來的電統統拋棄，只等著核廢料的產生，過了幾年，產生了足夠的核廢料，或者說，在核廢料裡滋生了足夠的鈽，然後，把核廢料裡滋生出來的鈽提煉出來，可以做成核子武器的原料，這些滋生出的鈽也可以做成新型核能發電廠的原料，所以處理核廢料不止是要挖一個地洞埋起來就可以草草結案了事，因爲情況沒有那麼簡單，因爲核廢料裡面有價值連城的鈾與鈽，要不要先提煉出來，與如何謹慎安置，涉及一連串國家

安全、國家資產與國際政治與軍事的諸多議題，每項議題都涉及深入又複雜的考量，草草挖個深洞掩埋是不得已，也是最後的選擇，但不一定是最好的選擇，所有的議題與其中相互的關係會以淺顯易懂的文字在此一一說明。

世界上所有和平用途的核能發電廠，在廠內都存放著用過一次的核燃料，也就是所謂的核廢料，因為這些核廢料裡面都含有滋生的核武原料——鈽，與剩餘仍可使用的鈾，為了防止核武擴散，世界上所有的國家都簽署了聯合國主持的一項盟約，承諾了不發展核武，並准許國際核能總署 IAEA 來核電廠做現場檢查，以茲證明並沒有違規做進行核武原料的收集，核武的製造，或者顯示沒有製造核武的意圖，因此世界上所有核電廠的核廢料，或者使用過的核燃料棒，都被國際核能總署監督著，監督的執行，涉及現場的視覺管控、現場布局的檢查、材料進出的審核與科學分析性的稽查，目的就是怕國家當事人或電廠廠方，有意向或已經執行了私下移出核廢料，做為他用。雖然大部分國家的核能發電廠並無意私下處理核廢料的意向，也沒有意願違反盟約而從事不良意圖的安排，但是仍然有一些野心國家被位於維也納的國際核能總署查獲到違約之不法行為，盟國也用了造衛星的勘測，印證不少這種行為，而引發國際爭端，發展成一些政治上或軍事上動盪不安的局面。所以針對如何處理核廢料這個話題，必須要先了解防範核武擴散的全球性的策略或機制，與從國家的立場，必須要研討什麼才是對國家有利的遠程策略，才能知道要做什麼準備，採取什麼樣的的態度，籌劃什麼樣的長期政策與執行機制，才能擬出有意義的、正確的、安全的、有經濟效益的核廢料處理方案。這些重要的題目會從解決方案的角度在下面章節裏繼續闡明。

這一個章節的重點是，僅僅去找到一個地方，儲存或掩埋核廢料是不能解決全面的問題的。

(二) 直接掩埋核廢等於犧牲後代福祉

當然，也有不少人主張，自己國家的核廢料自己有主權處理，只要沒有製造核武企圖，何妨就地覓處掩埋，或做深層地底封閉處置，省去不少麻煩與紛爭，這樣，不必面對諸多輻射帶來的不便，也可不再面對居民的憂慮，既使犧牲核廢料內有價物料之經濟價值，就選擇放棄也是一個處理核廢料簡單又直接的方式。

若選擇地底掩埋面，固然無可厚非，但是仍有兩大議題要面對。第一個議題是放棄核廢的經濟價值，視同我輩人士，已經替後輩，或未來世代做了選擇，選擇犧牲掉核廢料所帶來的一切經濟價值，相當於我輩人士因為陷在懼怕輻射的泥沼裡，而不願在核能發展上做足夠的投資，包括教育上的投資與財務上的投資，寧願選擇捷徑，有早日掩埋，就可以早日結案的心態。

第二議題是，選擇地底掩埋仍然要面臨一些技術性的難題，包括了防範再臨界與針對廢料產生的熱量的工程考量。核子反應的再臨界，相當於化學反應的自燃，處理廢料熱量是地底掩埋在工程設計上要面對的新增考量，這兩個議題會在下一個章節有專注的討論。

在這個章節裡先談第一個議題。十多年前，麻省理工學院出版了一個很有深度的核廢料處理之報告，這是一本多年以來少有的經典之作，很有深度的談論了許多議題，在核廢料處理的技術與各種提煉核廢料煉的策略上，提供頗有完整又嚴密的分析，而更有前瞻性的是，他們也針對核廢料在幾個世代後輩子孫的各種權益之探討上，做了詳盡的評估，評估的指標著重於採取何類核廢提煉方式，或者採納何類核燃料循環再生使用的策略才能優化後代的經濟效益。在這個章節要指明的重點有二：1. 核廢料處理與核燃循環有著密切不可分割的關係，2. 這兩者的策略都與後代的經濟福祉有直接的影響。詳細的分析與論點的基礎也都在下面的章節裡有詳細的說明，這裡祇把重點標明，以便讀者先得到一個全面的概念。

(三) 核燃料循環技術

　　核燃料循環包括了兩個主要議題：1. 從核廢料提煉出滋生的鈽與剩餘的鈾，用來做為新式核能電廠的燃料，核廢料中還有其他許多產生出來的元素，也可以提煉出來後，應用在醫學上與工業上。2. 新的核能電廠用了鈾與鈽當做燃料，與現代核能電廠有一個極大不同的特色，當鈾與鈽做了適當的組合時，使用於不同的設計的原子爐內，不但一面可以發電，又一面可以消耗核廢料，同時又能夠有效率的耗盡了核武原料鈽，達到防範核武擴散的效果。

1. 核廢料提煉技術

　　從核廢料提煉出鈽與其他有用元素的技術，至少有 60 年的歷史，最常用的方法是化學溶解法，這個方法主要以硝酸溶劑為主，再加上一系列其他不同的化學溶劑，分成許多階段，有效的分離出各種目標元素，世界上已有許多核電大國，在這多年都有能力與技術從事核廢料的提煉工作。

　　近十年美國開始發展出一種新的技術，可從核廢料提煉出鈽，鈾與其他重要元素，稱為高溫提煉法，用的方法與電化學的電解原理相同，做法就是把通電的電極置入的電解池，電解池內灌滿了高溫形成的溶解液，與一般常溫化學電解池之溶化液不同的是，溶液是氯化鉀與氯化鋰兩個鹽類，熔在一起的共晶體，做為電解池的主要溶解液體，所以溶液也是熔液，這個新方法正在進行量產化的研發。

　　化學提煉法與高溫提煉法在書中後面的章節裏有詳盡的介紹。

2. 新型核能電廠技術主旨在消耗核廢料

　　新型的核電廠在整體核燃料循環中，扮演了兩個重要角色，新型設計的目的除了要使用鈾與滋生出來的鈽為原料做發電之用，也賦有焚化耗盡自身產生的核廢料的功能，與消耗從舊一代核電廠產生的核廢料，從專業的角度來看，舊一代核能電廠依靠的是慢中子的運作，而新一代核能電廠依靠的是快中子的運作，也都是因為快中子能夠與高輻射的廢料產生核子

反應才能有效的消除核廢料。

　　法國與日本早年，走在時代的前端，先發展了以快中子爲主的核子反應爐，爲下一代核電廠的問世做舖路，但是因爲快中子對材料損壞性強，又會產生高溫，在實驗型快中子核反應爐運轉時，常發生冷卻水外洩事件，加上負責研發的團隊遭遇了經費上的困難，與國際對此類新型核能電廠的市場需求之不明朗，使得快中子新型核能電廠的研發完全停頓。

　　但是，三十年後的今天，卻有國家克服了所有新型快中子核反應爐技術上的困難，也成功的進入了商業運轉的世界，近年小型模組化核能電廠的開發與設計也包括了快中子核反應爐的特色，做商業運轉的準備，這一切的發生已儼然呈現了快中子核反應爐，或新型核能電廠的時代已經來臨。

　　目前快中子新型核能電廠發展的主要議題，是如何優化，發電量與消耗核廢料的效率這兩項，做爲指標，技術研討著重於什麼是原料中鈾與鈽最好的比例，與找到爐心的特殊安排，而達到最優化，藉著此型核電廠來消耗舊一代產生的鈽，也是防範核武擴散的目的。

　　選擇何類優化模式與何類型核反應爐做爲下一代核能電廠的主流，是核燃料循環近年世界各國研討的題目，因爲這些題目直接影響了核廢料的產量與防範核武擴散的效果。

(四) 核燃料循環的經濟效益與財務結構

　　核燃料循環主要研討的議題有：從核廢料提煉出鈽與鈾，做爲下一代核燃料使用時，如何選擇最好的鈽鈾組合做原料，與如何設計核子反應爐才能把核廢料減至最低、消耗鈽最多與發電量最大，但是由於核燃料循環的週期爲時約一百年之久，而令現代人並不著急於核燃料循環的開始，世界各國、學界、商業團體並未達到共識要馬上執行核燃料之大循環，人人秉持觀望態度，躊躇不前，這也使核廢料永遠置放於地底深處的策略，

往往不斷言要採永久封存之道，而揚言何不等到五十年以後，再做是否永久封存的決定，加上從工程上的考量，等待時間愈長愈可讓核廢料冷卻達標，而不必擔心核廢料餘熱帶來的高溫，對掩埋工程有太大的負面影響，許多國預計了等待的時間在五十年左右。

如果處理核廢料不考慮核武擴張有關的議題，也不計算在掩埋工程的設計上的特殊要求，核燃料循環本身要看採用何種策略，會有不同的經濟效益。學界用了幾個不同的策略一一做了分析，再比較它們經濟效益。這些不同的策略包括了，1. 法國正在使用的鈾鈽混合原料，俗稱 MOX。2. 不同的設計用各類不同的鈾鈽混比或各式鈾濃縮度做燃料，對於消耗鈽達到不同效果。3. 完全不提煉，把用過一次的核燃料，直接送到深層地底掩埋。

這三大策略在經濟效益的比較上，第三類，完全不提煉的策略勝出一籌，也就是用過一次的核燃料，也不再提煉出滋生出的鈽與未用完的鈾，乾脆全部送入深層地底，永久掩埋，一了百了，永不顧盼，省事省錢，這類想法也是世界一項重大指標，也是世界上現在存積的核廢料仍然置放地面各地，並未積極啓動燃料再循環策略的原因。這個策略勝出一籌的因素是首期設計，建造各類設施，與長期運轉須付出的成本高，使得以財經利益為主的分析，用現在經濟的指標來看，核燃料再循環並未被積極採用是有根據的。

但是，處理核廢料所涉及的議題很多，包括重要國際性政治考量與地方性民情的取捨，對後代福祉長期影響，直接掩埋的工程所涉之遠期安全憂慮。這些議題仍然造成核燃料大循環繼續被世界許多核能大國視為他日仍須執行的策略。

1.2　全書主旨

　　全書的主旨在這裡做了簡單扼要的總整理，冀望讀者能夠一目瞭然，在短時間理解這本書的總結論，如何處理核廢料？要做什麼？爲什麼？

一、處理核廢料的步驟

　　一個國家處理核廢料的第一步是需要先成立專屬機構，如「核廢部」或「核料管理局」，其目的是把所有歷年使用過的核燃料棒，或核反應衍生物，做全面的登錄，視爲國家資產，資產的價值與內容可參後面有一章節「核廢料會計學」，有更詳細的解說，這項工作主要目的有二：1. 是把用過的核燃料內的各類元素做全面的統計造冊，做成如何處置決策的基礎，尤其當國家政策決定要全面進行核燃料循環時，這些入冊之數據可以用來做全面評估之參考。2. 這些數據、資料、核料位置、存放狀況，都會是留給下一代，成爲爲下一代或數代的資產，因此，這些資料，需要做到確實的保存，以期待能夠經歷長久時間，數十年甚至跨世代的相傳，仍然可以保持其完整性與正確性。

　　第二步是國家必須立法，確認用過一次之核燃料或核廢料之所有權，直接隸屬國家而非被視爲某一電力公司之廢棄物，國家須製定政策，認定認可此類資產之定位，並盼制定政策或白皮書，爲國家遠程政策，須跨越黨派與不同執政的政府。

　　第三步是儲備核能科技人才。未來的世界將會廣泛使用核能，核能因爲有著高密度的能源，能夠有智慧的發展與使用核能，就能夠給民眾帶來更多的福祉，走在世界經濟發展的前端，一個核能不發達的國家也需訓練

儲備人才，至少能夠與國際接軌，而不至於落後太多。

第四步是積極尋覓與參加國際核能協議或聯盟，這是因為核能科技發展的時間尺度是跨世紀的，空間的尺度也是跨國的，核能技術必須依賴國際跨國交流，才能得以增長，核物料資產必須依靠國際物資交流與處理在得到認定與流通之後，核廢料資產的價值才能得以認可，這與國際貨幣必須流通，才能達到經濟上的認知與價值認可的原理是相同的，下面有一章節「核廢料貨幣學」，有更進一步的說明。

第五步是尋覓長期暫時性的儲存核廢料之地點，貯存的方式，包括乾式貯存與地底存放。長期是指時間可達五十年左右之久，暫時的意思是，現在尚未決定是否要永久掩埋或是要取出提煉做燃料循環的進行，一切的處置都屬於暫時性的貯存。

這些步驟所涉及的可能性，不論是理論上的或已有定論的，或者有的已付諸實施，都被一些國家智庫己探討了十多年，付諸實踐也指日可待，詳細的內容都在後面的章節中一一闡述。

二、核廢料的經濟價值

所有核廢料的教科書或文獻，都把核廢料的成分分成四大類：1. 滋生出的鈽，2. 剩餘的鈾，3. 俱高度輻射性的次錒系元素，4. 被視為無用的核分裂反應的衍生物。這樣的分類是依據核廢料裡各種元素的特性與處理的方式而定出的，他們的經濟價值也依照這樣的分類方式來做了評估。

但是，各類元素的特性其與有多少用途的定義，會因為科學不斷的進步，與工程上不停的研發出新的使用方式，而發展出日新月異的新指標。譬如，第三類的次錒系元素，本身不受歡迎是因為它們具有高度輻射性，但是，由於它們具備了特殊的核反應之物理特性，即，容易與快中子反應，在新型的核反應爐，被利用來產生能源，然後自身消失。還有，現在

在火星上的兩部休旅車大小的勘測車，其動力是核能電池，原料本來是用鈾同位素，但是就在近幾年，美國太空總署的科學家表示一些次鋼系元素的同位素也可以被用來當作核電池原料，作為太空勘探之用。

許多醫學上的必需品，一些輻射性的元素，根據它們不同的物理放射性特質，分別使用在不同的醫學診斷與治療上，而這些元素必須取自核反應爐，從已經使用過的核燃料，或類似的設計中分離出來。

工業上也必須依賴許多輻射元素的放射性特質來進行一些必要的程序，譬如，煉鋼時，鋼材熔液的溫度需要被準確測量，才能保證製鋼的品質，用放射性元素，來測量進出頻率的改變可以準確判斷過程熔液的溫度。在地質勘查上，探礦的技術也往往使用同樣的原理，來判斷地底深層裏礦物的存在。這些有用的元素也都是從核廢料中提煉出來。

重點是，核廢料中的諸多元素，有許多應用，它們的價值用智識性的預測方式來評估，是沒有上限的，但是人們往往用現在的經濟體制或市場價值來斷定這些元素的用途與買賣價位，而這種做法只能適用於目前的狀況，五十年後，經濟體系與科學發展將有天翻地覆的改變，核廢料的價值與人們對核廢料的觀點也會有重大的變化，一個國家對核廢料必須要科學性的全面觀才能定出正確的遠程政策，有了正確的遠程政策才能擬出有意義的近期執行方案。這些論述與依據的科學基礎，會在後面的章節裡做詳細說明。

(一) 核廢料會計學

核廢料會計學是個新名詞，用來描述核廢料內的主要成分在經濟上的定位。下面這個表格是表達一個簡單的概念，可以說明核廢料在會計上是應該如何被看待。

表1.1　核廢料會計資產表

主要成分	成分比例	資產還是負債
鈾	95%	資產
鈽	1%	資產
高放射性次錒系元素	0.1%	可以是資產
核分裂衍生物	4%	負債

　　嚴格來說，從會計學的角度做一個國家的資產表，第三縱行應該可賦予數字，才能有精確資產的數字分量值與總值，但是，這裡顯示這個資產表的目的，祇在於闡述核廢料各類成分的意義與可能帶來的福祉，這只是第一步的工作而已，製作成填滿準確數字的資產表將會是下一步的工作，而且精準的資產值與市面鈾價有直接關係，鈽的資產價值也與國家遠程策略有關，也與未來近期發展中的國際核料共享聯盟有關，從次錒系元素提煉出的物料，做成科技產業，醫療用品，與工業儀器，所呈現的市價將隨時俱增。國際核料共享聯盟，會在下面一個章節做更多的說明，整個資產表的價值也須涉及「核廢料貨幣學」與世界核料銀行的概念，這些概念也在下面的章節做更多的解說。

(二) 核燃料國際聯盟

　　防範核武擴散一直是世界核能強國所關注的議題，發展防範核武擴散之有效方法與機制，也一直是一些先進國家探討的方向，這許多年裡，這個議題在美國的一些智庫的努力下，擬訂出一些實施方案，多方面考量了世界有許多國家的需求，因為許多國家在這許多年裡有了核廢料的屯積，又受制於發展核廢提煉技術的限制與困境，而同時又秉持視核廢料為資產，而有他日能被再使用的想法，於是，這些智庫針對這些國家的需求，同時又能夠執行有效的防範核武擴散，漸漸地成功地發展出一套有可能性的實施方案，這些方案之雛形現在已漸漸浮現，這就是「核燃料國際聯

盟」的概念，這個概念因為針對了許多國家的國情，也對各方面的議題都已考慮到位，所以這個聯盟在往後十年內全面實施，是指日可待的。

核燃料國際聯盟建立在核燃料世界銀行這個觀念的基礎上，這個觀念可以用一些假設的例子來說明，首先，一個核燃料國際聯盟可以由一群國家結盟，其宗旨是這些結盟國可以共享核燃料權益與共擔市場風險，同時也必須遵從防範核武擴散的規定，這些國家的核廢料可以運到同盟國指定的或建設的基地，繼而來做集中儲存，管理，或再提煉之用，甚至再共同做滋生性的生產，在這樣的機制下，每一個國家的核廢料可被視為有價物品，運送到共同的集中儲存地點之後，視同把現款，即核廢料，存入銀行，即核料同盟，雖然手中不再持有現金，但是其財務上的價值仍然被銀行認可，同樣的道理，雖然原來核廢料的擁有國不再持有實質物資在手，但仍然掌握該核廢料的一切權益。

聯盟國的盟約必將規定，若集體決定要滋生鈽，其滋生數量必須要有市場需求的依據，用來做新一代核能電廠的原料，而不可滋生過多的鈽元素，以免核武擴散之虞。

許多國家有意參加此類國際聯盟，是因為一則自身可免於處理核廢料之苦，再者，可以共享本國尚未發展核燃料提煉技術的經濟效益，而把手中原有核廢料中所有的元素，達到資產化以後，有機會優化其經濟效益。

這樣的概念與機制是完全取決的核能發電的特質，或核燃料與核廢料的特性，因為他們的處理或處置，在空間上，須做到跨國才能顯出其效益與效率，時間上也必須是跨世代的，都是因為核燃料的循環所經歷的週期是跨世紀的，所以一個國家採用國際聯盟的策略或其他的策略，必須要有遠程的計畫才能符合在執行上的要求。

(三) 核廢料貨幣學

核廢料裡面的諸多元素，其價值的認同必須要依賴它們在國際上被賦

於流通的特色，才能成立或確保其價值，如同商品或礦產，也需要在市場上有流通的要求，才可以認可其價值。這個概念與貨幣的發明、使用，與廣泛的流通才達它的貨幣功能的概念相同，國際核料同盟的概念，也有相同的特質與要求，它依賴的是國際核料銀行的特性，而使核燃料或核廢料不論其身置何地都有被認定的價值，這一切都指向了核廢料貨幣概念的存在。當一個國家的核廢料存放於他地，或他國的一個集中管理的地點，相當於這些核廢料存入國際核料銀行之後，核廢料的所有權國家取得的是有對等價值的證券，這種情況等於是核廢料貨幣的誕生，有了核廢料有價證券在握，可以在不同時間，從不同的國家，或不同的核燃料製造商，甚至從新型核電廠的設計與製造廠商購買，交換，或投資各類核能生產設備。這個核廢料貨幣的概念，相當於國際金融業務中的信用保證，往往以信用狀，做為相當於高金額的貨幣的實質文件，用來做與貨幣交易相等的流通，當然，這一切的運作所依賴的是貨幣市場，與貨幣已經成熟的機制，而核廢料貨幣的機制仍有待國際核廢料聯盟的成熟，與單獨國家必須加入這個聯盟才能有效執行這個概念。

　　但是，能夠進行這一切的必要條件是一個國家必須：

1. 俱有遠程核能政策。
2. 認知核燃料與核廢料價值。
3. 擁有充分核能知識之人才。
4. 有與國際接軌的能力與專業人才。

　　一個國家如果缺乏上列條件，對核廢料處理的策略將會以偏蓋全，不但損失了國家資產的經濟效益，也切斷了後代福祉，更憑白無故的喪失了該國的國際權益。

三、核燃料循環之策略與執行機制

核電大國仍然掌握著核燃料循環的技術，占著世界核能市場的先機，而非核電大國之投入核能事業的主要原因是冀望核能發展與核能發電可以帶來經濟效益與社會成長，兩類國家有著共有目的，但也因爲國情與國力不同，核電大國與非核電大國在核燃料循環之策略完全不同。

(一) 核電大國的做法

法國與俄國已經開始實施核燃料循環的機制，日本與中國也展示這方面的全面計畫，其他國家也有完整的計畫與不同策略的方案，雖尚未實施，但是已有不同策略的研討，的確是面面俱到，能夠針對各種對消耗核廢料不同程度，做出了不同的設計。核燃料循環的描述，會在後面的章節有詳細說明。

在這一章節呈現的是簡單扼要的全面觀。核能電廠內的燃料棒裝置在核反應爐，進行了核分裂反應，釋放出能量用來發電，核燃料棒內的鈾235為了供應核分裂反應而被消耗，但是大部分鈾仍然存在於核燃料棒內，核分裂反應不能繼續而必須換燃料的原因，是核反應爐內能夠產生核分裂的鈾原料總數量，已經減少到低於核分裂的臨界值，而必須把部分的用過核燃料棒代以新棒，使得核反應爐內能進行核分裂的鈾原料的總值，再回升到臨界值以上，被換下的核燃料棒內的鈾原料，並未燃燒殆盡，只不過是對於某一核反應爐設計上對臨界的要求，不能滿足而己，用過的核燃料棒裡的鈾仍可做爲其他核反應爐之燃料。

此時，核燃料棒內也滋生了鈽，是核武原料，也是新型核反應爐的原料。

用過的核燃料棒被送到提煉廠，取出鈾與鈽，送到核燃料棒製造工廠，做成新燃料棒再使用，提煉廠也同時分離出次錒系元素，大多數是高

輻射性元素，與核分裂衍生物，有輻射性而被視爲無用之物。次鋼系元素可以在加速器驅動次臨界核反應爐當成燃料，無用的核分裂衍生物就被送到深層地底做永久掩埋。

核燃料提煉廠、核燃料棒再製廠、加速器驅動次臨界核反應爐與地底深層核廢料掩埋廠，都是核燃料循環的主要系統，當然這一些都是去配合新型核能電廠的運作，也反映出成本、建設與經濟的尺度，也是非得核電大國才能實現的系統。

(二) 非核電大國的做法

很多國家已經使用了核電，了解核電所帶來的福祉，也有意願進行更多的核能投資與建設，但是由於國際政治的限制，財力短缺，與技術上的缺乏，無法從事核電大國的做法，在這種情況下，參加國際核燃料聯盟仍然是個可行之道，同時又因爲，核燃料循環之週期在百年之久，把現行工作專注於參加聯盟的準備，而非大規模的發展，仍不枉是個並未浪費時間與資源的策略。

四、地底掩埋或暫儲之策略

掩埋核廢料於深層地底有其正面作用，而當今有關的主要議題是，要掩埋何物？把用過一次的核燃料不經提煉就完全做永久性的掩埋？還是等到核燃料循環期結束後，只掩埋剩餘、無用的核分裂衍生物？這種衍生物也是目前在贊成全面執行核燃料循環之專業人士心中，所認定的眞正的最終核廢料。全世界許多核電大國對這個問題尚未做出最後決定，而多數專業人士都贊成執行全面核循環，只是時間未到，所有執行方案都以暫時儲存爲上選，不論是儲存於地底或地面上的乾式貯存，都是可行的選項。

(一) 工程考量

　　芬蘭是正式宣布的第一個國家，會把用過一次的核燃料，視爲永久性核廢料，準備做地底深層掩埋，也已經開發地底掩埋的地點與設施，這種作法是該國的政策，有其獨特的人文、環境與政治考量。這裡的討論只專注在直接掩埋時工程上的考量。

　　因爲用過的核燃料經過了核分裂反應，產生輻射性物質，散發出的輻射性會轉換成熱能而傳出，因爲地底永久性掩埋核廢料的場地，不會有散熱的裝置，這些場地的建設都須有工程上的考量，避免輻射性熱量在地底建築帶來高溫而損害建築材質，因而減低使用壽命。

　　目前業界的共識是，用過一次的核燃料，不論是否視爲最終棄物，都先暫時存放 50 年左右，可以達到冷卻效果，避免地底掩埋的工程難題，50 年後再做決定是否進行燃料循環的提煉，是要採取燃料循環的政策與措施？還是要直接送入地底永久掩埋？

(二) 物料考量

　　核廢料送入地底做永久性掩埋之前，需要實施一道重要程序 —— 固化。固化有兩個不同的目的，第一個目的是因爲使用化學法進行核燃料提煉時，用的是硝酸爲主要溶劑與其他許多不同溶液做爲次要溶解劑，以達成各類物質或元素之分離，這些程序會產生液態高放射性的廢棄物，都視爲核廢料，定爲最終棄物而送入地底掩埋，這些液態核廢料須經過固化之程序，防止其置於地底後竄逸他處。

　　固化還有第二個重要目的，即避免核廢料中之燃料 —— 鈾或鈽，因地殼變動或地層移動，而使得這些元素集中在一起，達到核反應之臨界狀態。核反應的臨界，相當核分裂反應的「自燃現象」，核分裂的自燃現象與化學反應的自燃現象有所不同，化學自燃依據的條件是：1. 有自燃能力的物質存在，2. 有足夠的氧氣，與 3. 溫度升高到了燃點。但是視爲核分裂

的自燃現象，或臨界狀態，須有兩大條件：1. 具有足量的有核分裂能力的鈾或鈽元素，2. 這些元素太過於集中在一起。一旦核廢料中的鈽或鈾滿足這兩項條件就會達到核反應臨界狀態，核廢料固化的目的，就是防止這些元素，如果有一天外界環境一旦有了變動或移位而呈現過度集中，仍然可以避免置入地底後有再達到臨界狀態的可能性。

固化的方法很多，可以用玻璃化的方法或岩石化的方式，都能使核廢料在送入地底做永久性掩埋前，達成固化，許多詳細的說明會在後面的章節說明。

(三) 政治考量

美國為掩埋核廢料，在數十年裡，投入長久時間與大量資金，在猶卡山準備了地底儲存與掩埋的工程，這個工程開始之前，先是在美國各處尋找適當地點，然後在這些地點做了地質、人文與水文分析，終於選定了在內華達州的猶卡山，做為最終存置核廢料之用，這一切的執行都是出自美國聯邦政府之手，經費也出自 40 多年前國會的特案撥款，猶卡山的基本骨架工程現在也完成，只差最後裝備與使用設施之建設，聯邦政府也向審核單位——美國核能管制委員會，提出審核安全運轉執照之申請，為其之啟用，準備進行下一步的階段。

不料，就在這個節骨眼上，內華達州州長提出嚴正抗議，甚至表達出激烈威脅，向美國總統歐巴馬施壓，逼使歐巴馬以行政命令，停止一切有關猶卡山建設的進行，民用核電產生核廢料的地底處置方案，自此全部停頓，這個情況的發生至今也有十數年之久。

在猶卡山地底掩埋核廢料工程的擱置，引發了美國政界、電業界與學界廣泛的批評與探討。一則檢討國家的政策，是什麼地方出了錯？再者研究什麼才是最佳的替代方案，這一切的努力到現在也經歷了十多年。

然而，就在近數年，卻有一個成功的案例發生了，位於美國新墨西哥

州卡斯白鎮的一個軍用地底核廢料儲置設施，成功的引進多年各地軍方製造核武時所產生的核廢料，紛紛送來此地儲存，意味著這個地底掩埋場開始啓用，使得這個設施順利實現了原來設計的目的，這個成功的案例與內華達州猶卡山失敗案例，兩者比較之下，有著天壤之別，這樣的差別，引起學界的關注，而藉此找出成功的因素與失敗的源由，如果成功或失敗都與政治有關，那麼，如果能夠整理出一條可行之道，那豈不就可解決美國或甚至其他國家正面臨的地底掩埋之政治難題？

這個難題的主要特質是地方居民反對，雖然都是政治性的，但是都已扮演了失敗或成功的主要因素，因爲內華達州居民反對，使猶卡山掩埋場停頓，而新墨西哥州卡斯白鎮的成功，是來自當地居民早期就開始了決策參予與福祉分配，而得到居民同意之路並未遇到阻力，於是「居民同意」乃是場址能夠選定的重要指標。這樣的認知也被芬蘭與瑞典兩個國家的核廢地底掩埋場近年成功的案例，當做了印證，這也正是美國能源部在近年開始努力尋找替代猶卡山方案之際，所依循的原則。因此學界與工業界，觀察到近年這些的新發展，使得地底核廢料掩埋場的再覓址與建設，不管是暫時性的或是永遠性的，又能夠再向前推進，賦予高度冀望。

1.3　如何利用核廢料

很多人反核的原因是懼怕輻射，而核廢料充滿了許許多多高輻射性元素，使得人人避之唯恐不及，視核廢料爲燙手山芋，必得早日棄之，才善罷甘休。殊不知，這些許多元素幾乎每一項都能有其特殊的物理特性，都可以被做爲適當的應用，來替人類帶來福祉，隨著科學的進步，人類思維的進化，觀念的轉變，輻射的危害更會因爲有更嚴密的防護措施而減至零點，核廢料中的許多元素也會一一經過科學上的探討與工程上的研發，

製作成實用的物品，廣泛的應用在科學上、工業上與醫學上，作成實質的貢獻，甚至會被引入製造成日常用品，而出現在每一個家裡。譬如，鋂241，一個放射性元素，這個元素就已經被普遍的用在煙霧探測器中作防火之用，這祇是一個例子而已。所有的輻射性元素都有其價值是個新穎的觀念，會在今後一、二十年裡慢慢抬頭，而被大眾接受，這些章節提供了這個觀念的科學基礎與歷史背景。

一、一切都來自愛因斯坦的質能轉換

一百多年以前，愛因斯坦在他發表的相對論中，提出了質能轉換的觀念與公式，給人類帶來了創新的知識與想像，但是，這只涉及了物理上的概念與數學關係，他的論文並未說明在工程上要如何設計出實質的機制才能達到質能轉換的效果。當然，如何達成質能轉換的效果並非物理學家所研討的主要目的，也不是科技界在那個時代追求的目標，在相對論發表的二、三十年後，科學家們陸陸續續分別發現了中子的存在與核分裂的物理現象。這兩者，中子與核分裂，在幾十年後，被用來執行了質能轉換的機制，在工程上實踐了鈾元素物質之消失而轉成能量的機制，做為發電之用，這一切的進行，都發生在核能電廠的核反應爐裡面，而核反應爐的設計、製造與運轉是人類的一項非同小可，又得大費周章的鉅大工程，這一切都不是愛因斯坦所事先想到的。

二、工程應用並非愛因斯坦的研究範圍

核反應爐的應景而生並不是愛因斯坦的研究範圍，而是後來的核能工程師大費周章所設計與製造出來的。也就是說，質量轉換這個機制須假

以核反應爐的運轉而達成目標的，換言之，質量之轉換並非會憑白無故發生，而是，需要工程上的特殊設計與特殊大型核反應爐的操作，才能成就的。

　　但是有一類質能轉換的機制是連續性的，不需特別的操作就能夠發生而且可以自己持續進行，那就是放射性元素的持續釋放能量，這類的能量出現也是依據著愛因斯坦質能轉換的法則，綿綿不絕的釋出能量。

　　放射性元素綿綿不斷地釋出能量，目前並未被認為是一項人類的福祉，而是對人類有健康危害的根源，這樣的概念是因為廣大群眾對輻射仍有深度的恐懼，而沒有發展出以理性為基礎的思考、分析與認知。這樣的概念，假以時日，會因為科學知識的傳播，輻射元素的用途的更多了解而有所改變，這裡所要闡述的是一個新概念，輻射元素的存在是自然界的質能轉換的一個自動化的機制，人類須從這個認知開始，才能開始大舉開發放射性元素帶來的各類的福祉。

三、核廢料的福祉沒有上限

　　先舉一個例子，美國太空總署在這幾十年裡，成功的將五輛休旅車型的探測車送上火星。前面三輛已經停止行駛與運作，因為這三輛的電源來自太陽能，車上太陽能板的效率因為沙塵限制而只能在運行數年後就完全停止，但是第四與第五輛探測車是以核能電池做為電源進行其運行與探測功能，這兩輛車的核能電池都是以放射性元素做為發電的能源，第四部探測車抵達火車是 2011 年，仍然運行中，它的電池仍繼續運作，超出了原來設計的壽命。第五輛探測車抵達火星是 2021 年，目前美國太空總署開始設計更有效率的核能電池，包括使用不同的放射性元素做為電池能量的來源。用放射性元素做成核能電池只是核廢料裡許多有用的放射性元素中的一項而已。

核廢料內，充滿了許多各類放射性元素，其中已經被使用的，包括了用於醫學上的診斷與治療、工業界的測量，它們的使用都是根據了各元素的放射性特質被認知後，再提煉出來應用，給人類帶來了證據確鑿的福祉。而其中尚有其他無數的放射性元素，他們的特性有待研究、認定與製成產品。被做為有意義的使用，這些存在於核廢料的放射性元素，都需要被積極開發，做為下一代的科技產品，這裡的闡述，是針對這類的開發，開始做出所需要的第一步——教育大眾，目的要使世人了解這些元素它們所帶來的益處，再來展開必要的研發工作，而不要被懼怕輻射的心態矇蔽，阻止了有意義的科技發展，回顧歷史，所有新科技的誕生，在初期都遭遇到了人類因為智識不足，認知不夠而造成了不必要的延誤，耽擱了人類福祉。

四、國際輻射元素福祉共享聯盟

研發出核廢料內各式各樣的元素做成實用的產品，是一項頗有野心的計畫，但卻是一項可行的計畫，它是科學發展的計畫，也是要發展出有實用產品的計畫，更是一項為人類帶來福祉為目的的計畫。可是，這項計畫由於人們對這些元素的放射性的懼怕，在初期一定會遇到阻力，就如同歷史上往往因為人類智識不足而對新的物理現象沒有認知，而產生不必要的恐懼，因而延遲了科學的發展與社會的進步。

這項計畫的尺度是相當龐大的，因為它涉及了大量的研究工作，需要大批科學家的投入，大規模科學儀器的設置與安全設備的建造，這些工作若只在少數國家進行是不實際的，而必須要有許多國家共同發起與參與，才能分擔成本，有效率的進行。最適當的方式是成立一個國際組織——國際輻射元素聯盟，來全面執行這項計畫，所有參與的國家都可以分享研究成果，而使放射性元素帶來的福祉，快速分配給世人。

　　敘述這項計畫有一個重要目的，希望世人需要及早了解放射性元素能夠給世人帶來許多不同的福利，核廢料中蘊含著許多放射性元素有待開發與善用，而放射性的危害是可以預防的，如果只是因爲心中的懼怕而阻礙了科學的發展，限制了自然界所帶來的福祉，乃是不智之舉。

1.4　結論

　　處理核廢料必須考量多方面的議題，才能正確地制定國家策略與執行方案。這些議題包括了：

1. 核燃料循環的遠程策略。
2. 防止核武擴散的要求與機制。
3. 核廢料價值對後代的定位。
4. 跨世紀的長久性。
5. 跨國的合作關係與核料之流通性。

　　建立處理核廢料的機制，來完成一系列必須執行的工作，這些工作有：

1. 成立專業處理廢廢料之機構。
2. 國家必須立法來規範核廢料之遠程政策。
3. 儲備核能科技人才來應對專業性與跨世紀性之議題。
4. 積極發展參與國際核能資產共享聯盟。
5. 尋覓短期與長期核廢料儲置地點以建造設施。

世人對核廢料不甚瞭解，所以就會產生不同的看法，因為有了不同的看法，就衍生了不同的定義，也因而對核廢料在經濟上建立了不同的定位，繼而採納了不同的處置策略。所以正確的核廢料認知，對一個國家的福祉有著舉足輕重的影響。這個章節的主要目的，正是針對這個重大的議題，供應完整與全面的核廢料的智識。

2.1　核廢料哪裡來

世界上本無核廢料，核廢料這個名詞的出現是因為核能發電廠的核燃料棒，基於目前電廠的設計，在用過一次以後，就不能繼續使用，除非又有同型但尺寸再加大的核反應爐存在，可以直接納入這類新型核反應爐爐心繼續使用，否則，這些用過的核燃料棒必須被新的核燃料棒代替才能繼續啟動原來的核反應爐，得以繼續發電，而被用過一次的核燃料棒，只有被擱置在儲存的大水槽中，等待著最後何去何從的最終決定。此時，用過一次的核燃料棒中，仍然存有為數頗多的核燃料——鈾，仍然可以被繼續利用，只是不再適用於原來的核反應爐，由於這些用過一次的核燃料棒不再適用原發電廠，於是被稱為核廢料。

全新的核燃料裡，成分主要是鈾 235 與鈾 238，這兩者的輻射性都很弱，它們所釋放出來的以阿伐射線為主，這種放射線只需紙片厚度般的物質就可以被阻絕，所以不會穿透皮膚進入人體，核燃料在採礦過程與在鈾 235 濃縮的步驟中對人體的健康都不會產生威脅。

全新的核燃料在成形的核燃料棒裡，其輻射量對人體危害的程度也是微乎其微。上萬支核燃料棒，運送到核能電廠準備使用，使用前這些核燃料棒成束的安置在核能電廠的廠房裡，只要未曾放入核反應爐內，沒有參與任何運轉之前，就不會有危害健康的威脅。

　　但是核燃料棒一旦開始置入核反應爐內，開始了核分裂反應，馬上就有核廢料產生了，只需數天廢料就會呈現高輻射性的特質，從那一刻起，在核反應爐內的核燃料棒，若有需要而須取出時，則必須有隔離措施，以防範高輻射對人體健康造成的危害。

　　用過一次的核燃料棒的何去何從，基本上有下列選項：

1. 把核燃料棒壓碎，用化學法溶解或先進的高溫進行熔解，從中提煉出未用完的鈾與滋生出來的鈽，做為下一代新型核反應爐的燃料，剩餘的兩大類物質，第一類是高放射性的次錒系元素與第二類的核反應衍生物，第一類的次錒系元素可以在新型快中子型之核反應爐一併做燃料，使之消滅殆盡，又可發電。或者置入目前正在建立的實驗原發型加速器驅動次臨界核反應爐，做為原料，有焚化兼發電的功能，第二類的核反應衍生物，被視為純廢棄物，準備他日送入地底深層做永久掩埋的打算，

2. 把用過一次的核燃料棒，不做任何再使用的打算，準備他日全部送入地底深處，做永遠的掩埋，這是為了省事，省去面對政治議題，不必有再投資面對高成本之考量，也意味著放棄核燃料棒內一切資產之價值。

3. 把用過一次的核燃料棒做暫時性的儲存，可以放在室外置於有足夠厚度的水泥筒，是所謂的乾式貯存，或者置於地底做為暫時性的存放，以待他日約五十年後，再決定是否要進行再提煉，這就是如上所述的第一項，或直接送入地底做永遠性的掩埋，即第二項，等待如此長久時日，也正好達到準備他日做永久掩埋的工程要求，因核燃料棒需要長期的冷卻，才能使之輻射的熱量低於一個標準之下，才適合永久性的地底掩埋，免其對於對建材之破壞力，而降低建物之使用壽命。

　　另外，還有許多放射性元素，被用在醫學上診斷或治療用，也有許多被工業界用來測量高溫狀態的溫度，也被地質探勘時用來尋找與驗證地層深處的物資。這些放射性元素都有其使用壽命，因為放射性元素皆呈現衰變特質，使它的質量隨著時間減少，而到最後失去了原用途的效果而視為廢棄物，這也是核廢料的一種，但因為此類核廢料的輻射強度不高，對人

身傷害程度有限，他們的處理往往是集中置放一處，而未被認定它們的輻射強度會造成對人體有害，而須做加強防護的處置，於是這類元素往往處理的原則是集中管理置於門禁森嚴之地，等待一段時間後，其輻射強度會逐漸降低，而達到無法測出其存在的地步，就可以與自然界共存。

先談一下醫療用的輻射物質，再敘述工業用的輻射性元素，這兩種不同用途的輻射性元素，歷經了一段時間，超過了它們的半衰期數倍的時間，會呈現強度極速衰減的特性，而不再適用有原來功能的有效物資，於是就被視為核廢料，但是因為它們的總量不大，輻射強度微弱，就容易處理，而不必大費周章，像處理用過一次的核燃料棒，需要特殊的防護與嚴密的監控。

在醫療上所用的放射性物質分成兩種，第一種是診斷用，第二種是治療用的。

診斷用的放射性物質最常使用的同位素是鎝 9 9 m（Technetium99m），小寫字母 m 代表 metastable 這個字，即半穩定狀態的意思，是指這個同位素存在的物理狀態，容易釋放出迦瑪射線，而被廣泛使用。在醫學上注射血管內，能夠觀察人體許多器官，找出病源，包括了心肺、肝、脾、膀胱、骨骼、腦、甲狀腺等，這個同位素在全世界做診斷使用已經超過了三千萬次，而且它的半衰期是 6 小時，所以它存在人體內的時間足以做完診斷，而不會超出太長時間，使病人免於接受到過高的輻射劑量，也就沒有事後要處理輻射物質的工作。

治療用的輻射性同位素，在這裡舉了六個例子，括號內的時間是該同位素的半衰期：

1. 鈷 60 近接器官治療或體外照射治療（5.3 年）。
2. 釔 90 治療淋巴癌（2.7 天）。
3. 鍶 89 治療骨癌（52 天）。
4. 碘 131 治療甲狀腺癌（8 天）。
5. 銥 192 近接器官治療（74 天）。

6. 銫 137 近接器官治療或體外照射治療（30 年）。

　　上面顯示出這些醫療用輻射性同位素的半衰期，有一個重要的意義，有的同位素半衰期很短，這意味著它們存在醫院或診所的壽命不長，它們能夠傳送的醫療劑量或效能，隨著時間的流逝而迅速減少，因此需要常常補充。而這些同位素都是在實驗型或專用的核反應爐內製造出來的。近年，因為人口的增長，加上這些核反應爐的退休、維修與涉及國際商務或政治性的糾葛，造成這些同位素的來源不足或不穩定，近年來醫療用同位素的製造、存量與貨源也成為醫療體系中的一個行業。

　　有一些輻射性元素在工業界也被視為很用的物質，舉兩個例子來說明如何利用輻射物質的特性做成工具，與使用後原料與產物的處理。

　　石油工業界在探測石油時，在挖油井前，用放射性物質送入所挖的細長的深洞裡，來測量岩石在不同深度的密度，使用了鐳與鈹的同位素，合在一起釋放了中子，或用鈷同位素產生迦瑪射線投射岩石內，再另外用一個輻射探測器來測量反彈的中子量或迦瑪射線，用以判斷岩石的孔隙率或密度，加以對比而判斷岩石內的成分，工業界在大規模開採前會用這個方法來記錄沿著深度的岩石特質。

　　煙霧探測器用的火災警報器裡面有一顆極小的鎇同位素 —— 鎇 241（Americium241），不斷的產生輻射性的阿伐粒子，使警報器裡面的空氣離子化，浮游的離子扮演著導電的角色，維繫著警報器裡面特有的電流迴路，使電路持續暢通，一旦失火所產生的煙霧阻斷了離子在電路中所扮演的效應，使電流中斷而導致使煙霧探測器產生警報，這就是鎇 241 的功能。

　　使用過或失效的放射性元素，可依照政府規定，在其輻射強度因為自己蛻變而降低以後，或者稀釋處理而符合安全標準之後，可以視為一般垃圾拋棄，或可以讓原廠回收，或由政府指定機構回收。政府若有回收的機制，一般處理的方式是集中管理，在地面上擇地隔離存放，不做任何處理，任其自然蛻變。假以時日，輻射強度會自己減少，元素本身的質量也

因自然蛻變而轉變爲其他元素而減量，達到一定的程度，可以與大自然共存。

2.2 核廢料成分

核廢料針對的主要對象是用過一次的核燃料棒，用過一次的核燃料棒內的成分基本分爲四大類，分別描述如下。

各種類型核廢料的產生，都源自中子與鈾 235 發生的核分裂反應，此類核反應除了產生大量能量之外，也產生了許多核反應的副產品，這些副產品被視爲核廢料，它們目前被視爲廢料的主要原因，都是因爲若要發展出它們有經濟價值應用所需成本太高。

中子也與鈾 238 發生了核子滋生反應，產生了鈽 239，一種再生的核燃料，也產生了其他一連串的核蛻變，生出許多次錒系元素。

由於用過一次的核燃料棒仍有剩餘的鈾，有再使用的價值，這些鈾被視爲第一類成分，滋生出的鈽可以做爲核武原料，也可當作新型核反應爐的燃料，在此爲了方便，把它列爲第二類成分。

當中子與核燃料產生了諸多核反應，會持續釋出能量之外，也同時產生了許多其他反應物，這些反應物基於不同的特質，可分成兩大類。第三類：一般核分裂產物，即核反應之諸多衍生物，與第四類：超鈾元素，包括了次錒系元素。

一般核分裂物是直接由核分裂的核反應產生出來的，在這許多的核分裂物中，大部分屬於低階核廢料，有的基於他們自己會迅速蛻變而呈短暫的壽命，自己會消失而沒有對健康的威脅。但也有部分的核分裂物有過長的壽命，但是其輻射強度也未造成威脅，所以沒有對這些元素做特別的敘述，在這裡只針對數個核分裂物，由於他們對人身健康的危害，仍然存有威脅性，所以也把他們單獨挑出加以敘述。

在千百類核分裂物中，這裡只列出三個需要特別關注的同位素，這三個同位素基於他們有特長的半衰期或壽命，又具有對人身健康危害的威脅性，所以用嬗變的方法使之轉換成其他不具威脅性的元素，是可以用在這三個同位素上做有效的處理，這三個同位素是：鎝99（Tc99）、碘129（I129）、銫135（Cs135）。

這三種同位素與其他千百種核分裂物，滋生出的鈽239，尚未用完的鈾235，與諸多衍生的次錒系原素共存於用過一次的核燃料棒內，一旦提煉的機制被啟動後，提煉出鈾與鈽做再生原料之際，這三種同位素可以與其他高階核廢料一併分離出去，同時做下一步的處理。

這些產物中的第四類，次錒系元素才是真正令人頭痛的問題，它們並不是由核分裂反應直接產生出來的，而是間接經過一連串的核蛻變而產生出來的，這些元素與他們的許多同位素都具有大於92的原子數，92是鈾的原子數，所以也稱之為超鈾元素，這些元素，也是處理核廢料工作中所要面對的主要對象，因為所謂的高階核廢料就是指這類元素，由於它們的輻射性強，又有很長的半衰期，甚至有的壽命長達數十萬年之久，新進處理高階核廢料的主要工作就是研發與設計如何消滅這類核廢料。

2.3　核廢料對人身的傷害

大部分人都懼怕輻射，這是可以理解的，人們開始知道輻射對身體的危害起源於1945年在日本廣島與長崎兩顆原子彈的爆炸，造成了眾多的死亡，也讓廣大的群眾了解到強烈的輻射對人體造成了可怕的後果，傷害的過程也令人觸目驚心，也有許多人受到超量的輻射以後，如果沒有在近兩個月內死亡，也會事後數年內因為產生癌症而去世。從此人們認識到輻射對健康的負面影響，大家對輻射的懼怕也深植人心。

從那時開始，科學家、醫學界、各國政府都做了不少實驗、分析與資料收集，在輻射對人身造成的傷害有了更多的認知，世界上許多國家也都制定了法規，限定許多與輻射有關的工作人員，爲了保護他們的健康，必須遵守一些在輻射劑量上的限制，不可超標，一些學術團體與醫學機構也在這方面做了基本研究與整理，也公布了一些在法規上可以適用的指標，做爲一般百姓與專業人員可以依憑的準則，以保障身體在有輻射的環境裡或面對受到輻射的情況下，所受的輻射劑量不會超標。

一、什麼是輻射劑量

人體的感官無法感受到輻射的存在或輻射的強度，所以需要儀表來測量，以決定現場輻射的強度，就像電匠需要用一個儀器如電錶來測量電壓或電阻一樣，要了解輻射劑量需要先知道有兩個輻射概念量的存在，一個概念量是累積輻射劑量，它的單位是西弗（Sievert，簡稱 Sv），另一個概念是現場輻射強度，它的單位是每小時的西弗量（Sievert/hour，簡化爲 Sv/h）。

先把科學上的定義敘述清楚，再說明這些單位的意義與民眾該如何面對。

輻射的強度可以用侖琴（Roetgen）這個單位表示，一個侖琴的輻射強度的定義是它的能量可以把在攝氏零度的空氣離子化到每立方公分的空氣產生 1.6×10^{12} 對離子，相當於能量的強度可對 1 公斤的乾燥空氣產生 2.58×10^{-4} 庫侖的電荷。這些數字對於沒有物理背景的讀者不具意義，在此做這樣的說明只做爲參考之用，也藉此讓讀者有機會建立輻射在能量的概念，先有能量的概念，下一步再說明輻射能量與人身健康損害的關係。

輻射強度的表達方式，是用它在空中飛過後，能夠使空氣產生一對對離子所需要的能量來呈現。這是一個代表它輻射本身的一個特質，與人體

面對輻射時能吸收多少輻射的概念不同。輻射侵入人體的劑量是另外一個概念，這個概念就是反應了輻射侵入人體後，在人體內所留下的能量之多寡，留下的能量愈多，對人體的影響就愈大。所以留在體內的能量就需用另一組單位來表達，這個單位是「瑞德（RAD）」，是三個英文字的簡寫，Radiation Absorbed Dose，意思就是輻射被人體吸收的劑量，用迦瑪射線當成基準時，1侖琴輻射強度的迦瑪射線，侵入人體後，對人體的劑量就是1瑞德（RAD）。

不同種類的輻射對人體的作用會有所不同，譬如具有同樣輻射能量的中子與迦瑪射線，各自侵入人體會對人體產生不同的效應，有相同能量的中子對人體健康的傷害程度比迦瑪射線大。如果為了反映出這兩者在人體內造成不同程度的傷害時，「瑞德」這個單位，就不足以表達不同類的輻射在人體所造成的不同程度之傷害。

為了能夠反映出不同種類的輻射，對人體產生出的不同程度的效應，各種類的輻射必須加用一項可以反映出它自己的的傷害效應的因子，稱之為傷害指數（Quality Factor），而能夠真正反映出實質效應的劑量，這個實質效應劑量稱為「潤姆（REM）」，是三個字的縮寫，Roetgen Equivalent in Man，或者稱為人體侖琴等值劑量，它們之間的關係可以用下列公式表達：

$$\text{「瑞德」} \times \text{「傷害指數」} = \text{「潤姆」} ,$$

或者

$$\text{RAD} \times \text{「Quality Factor」} = \text{REM}$$

表 2.1 顯示出各類輻射的傷害因子，與輻射劑量與實質劑量的關係。

表2.1 各類輻射的傷害指數

輻射種類	瑞德（RAD）	傷害指數	潤姆（REM）
X 光（X Ray）	1	1	1
迦瑪射線（Gamma Ray）	1	1	1
貝塔射線（Beta Ray）	1	1	1
慢中子（Thermal Neutron）	1	5	5
快中子（Fast Neutron）	1	10	10
阿伐射線（Alpha Neutron）	1	20	20

　　表 2.1 顯示了輻射劑量單位的一些換算，表中所列出的都是常見的輻射單位，也列出了他們之間常常需用的換算，近年在核能界與醫學界有許多論文發表，都是有關輻射劑量與人體健康有關的探討與新認知，媒體也不乏有新聞報導與法規闡述。而在這些文章中，大家所採取的劑量單位並未統一，而且常用的單位也有所改變，譬如四十年前，輻射劑量的常用單位是「潤姆（REM）」，但近年已經改成「西弗（Sievert）」，或千分之一西弗的毫西弗，所以在這個表內所顯示的幾個換算，雖然看似簡單但很實用也常用，西弗這個單位的常用簡寫是 Sv；毫西弗是 mSv；微西弗是 μSv，百萬之一西弗。

　　輻射劑量單位換算如下：

1 居里（Curie）＝ 3.7×10^{10} 核分裂 / 每秒

1 貝克（becquerel）＝ 1 核分裂 / 每秒

1 瑞德（RAD）＝ 0.01 格雷（gray (Gy)）

1 潤姆（REM）＝ 0.01 西弗（Sievert (Sv)）

1 侖琴（Roetgen）＝ 0.000258 庫倫 / 公斤（coulomb/kg）

毫（Milli）＝ 10^{-3}

微（Micro）＝ 10^{-6}

二、輻射劑量的測量與認定

測量輻射劑量最直接的方式就是用一個劑量錶（dosimeter）直接測量，現代的專業人員在輻射的環境工作時，就常用這樣的的儀器，來測量當時的輻射強度，儀表上所顯示的單位往往是每小時的微西弗或毫西弗，這樣的讀數反映的是輻射強度，舉個例子來用輻射強度的讀數來換算輻射進入體內的劑量，如果在場的輻射強度是每小時 50 微西弗，停留在該地兩小時，人體所接收所輻射劑量是 100 微西弗，

還有一種被動式的輻射劑量測試方法，也常常被專業人員使用，有時候為了符合法規上的程序，就使用這個方法，所用的測量工具是一個外表看似小名牌的配件，佩掛於身上，裡面有一個類似照相用的底片，用來對現場的輻射做累積性的感光，工作人員每次進入有輻射的工作環境時，就佩掛這個名牌，離開這個工作環境就取下，每隔一段時間，名牌內的底片被有關法規的部門，送去沖洗，可以顯示這段時期佩戴人所累積的輻射劑量，這個方法是被常用於鑑定佩戴人在工作期間其所接收之輻射劑量有無超標。

幾十年前發生了許多輻射超標事件，都因為事發突然，當事人未做準備，也不知情，就沒有使用劑量器，但事後對當事人所接收的輻射劑量，也做了仔細的估算，估算所用的方法涉及了應用核反應物理的科學分析，依據輻射源的強度，當事人的相對位置，一切經過的時間，所經歷的過程，就可以算出頗有準確度的近似值。下面敘述了些幾個實例，包括了在第二次世界大戰中，廣島與長崎原子彈爆炸受害人所受的劑量，還有兩個臨界事故，與蘇俄車諾比核電廠爆炸的第一線救援人員所遇到的輻射情況，都是用類似的核反應物理的計算方法來推算而得到的。

三、現代輻射規範的根據

　　世界許多國家對人體接收的輻射劑量採用了一定的規範，製訂了人體接收的劑量不得超過某個上限，一旦超過這個上限則被視為有害健康，政府也規定，任何僱主不得使其員工因為工作關係，導致他們超過所規定的上限，這個上限所依循的科學根據有兩個主要來源：

1. 由於在早期輻射被發現後，X 光與鐳元素放射性的應用產生了對健康有負面的影響。在 1930 年代開始了對 X 光與鐳元素的輻射量上限有了規定，限制每天不超過 0.1 到 0.2 倫琴。

2. 第二次世界大戰後，原子彈造成了人數眾多的輻射傷亡，也是從那時候開始，學術界在輻射生物與放射性物理的兩個領域中做了大幅的研究，而制定了輻射對人體所接收的上限。

　　可是，那時所制定的輻射上限，沿用到今天，有幾個基本假設：

1. 採用了「線性無底限模式」，它的意義是，所採用的模式是依循線性關係，外推到低輻射劑時，假設它沒有底線，意思是說，既使是低劑量輻射，不論多低仍有得癌的可能性。

2. 輻射病變的嚴重程度與人體接收的輻射劑量無關，只要要求不受到輻射就不會得癌症。

　　這兩項假設目前已經受到嚴重的挑戰，因為近十多年在這個議題上，放射性醫學已經有突破性的進展，雖然尚未達到完全的定論，但是科學數據已經顯示這兩項假設是不正確的。不但如此，很多研究也開始認知低劑量輻射能夠增進免疫力而促進健康，學術界與醫學界正開始努力從事各類分析來確認這個結論，與人類如何找出適合的輻射劑量，以達到最優化的健康效益，之後的內容對這個議題提供了更詳細的討論，

　　下面先描述第二次世界大戰原子彈爆炸，與蘇俄車諾比核災受難人，所接收輻射劑量的實際情況，然後再討論「線性無底限模式」被採用後，在低值輻射劑量對健康影響的的評估，如何會促成不同的結論。

四、第二次世界大戰原子彈受害人

1945 年在廣島與長崎兩顆原子彈爆炸，在瞬間釋出大量輻射，造成多人死亡，當然並沒有儀器在現場用來測量人體接收的輻射劑量，但是事後的幾十年裡，有大量的學術研究，用核反應器物理的計算模式，再依據輻射源的輻射強度、受難人與輻射源的距離、相對位置與進行時間，可以推算出受難人所接收的輻射劑量。

在接收了高達 4.5 西弗輻射劑量的受難人，有半數死亡，接收了 6 西弗的人全部死亡，

五、實驗室核武原料臨界事件

在 1945 年 8 月 21 日，在美國洛斯阿勒摩斯國家實驗室發生了一起「臨界」事件，一位科學家 Harry Daghlian 在做一個實驗時，他用的核武原料鈽 239 意外達到臨界狀態，產生超量的輻射，當事人接了 5.1 西弗的劑量，他在 28 天後死亡。

1946 年 5 月另外一位科學家名叫 Louis Slotin 也在同一實驗室，也是用鈽 239 做實驗，也意外的發生了一個臨界狀態，使得當時接收了超量的輻射劑量達 21 西弗，他在 9 天後死亡。

六、車諾比核電廠救災人員

在 1986 年 4 月 26 日當蘇俄車諾比核電廠爆炸時，有 134 位第一線救災人員奔赴現場，這些人所接收的輻射劑量，在 0.7 西弗至 13 西弗的範圍內，其中 28 人在數週後死亡。

七、目前採用的規範

現在的法規對專業人員與一般民眾，分別對人體接收輻射劑量的上限，設定了不同的標準：

專業人員：每年累積的輻射劑量不得超過 50 毫西弗。

一般民眾：每年累積的輻射劑量不得超過 1 毫西弗，1 毫西弗是千分之一西弗。

如果專業人員在輻射的場合工作，使得身體所接收的劑量超過了上限，就不准再回到輻射區工作，所以設定了輻射的上限除了是針對保障員工的健康之外，也有經濟上的意義，基於輻射劑量上的法規，也會對僱主在工作上之分配與調度有某種程度的影響。

表 2.2 列舉了幾個數據，具有參考價值，是平常人們在一般生活中，人體在各種情況，所會接收的輻射劑量。

表2.2　人體在平常情況所接收的輻射劑量

各種情況	頻率	劑量
胸腔照X光	每次	0.1毫西弗
坐飛機橫越太平洋	每次	0.03毫西弗
從外太空來的宇宙輻射	每年	3毫西弗
住在高原從外太空來的宇宙輻射	每年	5毫西弗
腹部掃瞄CT	每次	10毫西弗

2.4　核廢料的效益

眾人排斥核廢料的主要原因是它有強烈的輻射，懼怕輻射給人體帶來傷害，雖然輻射可以用屏障有效的隔離輻射，完全達到防護的目標，但是

廣大民眾仍然存有根深蒂固的恐懼心態，形成他們反核立場的主要因素，但低劑量輻射不但不會對人體有害，反而能夠促進健康。

　　近年來許多發表的研究，反應出低劑量的輻射可以降低得癌症的機率，很多實例證據與實驗的數據都支持了這個論述，而且許多的研究也從不同的角度，報導了低輻射劑量對人體的益處。這樣的益處，除了可以用患癌機率的降低來表達，也可以用壽命的延長率來呈現。圖 2.1 是一個示意圖，顯示了人體接收的輻射劑量，在某個範圍內，會有對健康有明顯的正面影響，這圖中的縱座標軸反應出正面的影響，在許多發表的論文裏，顯示出一些適當的輻射劑量會使壽命延長多達 20%。

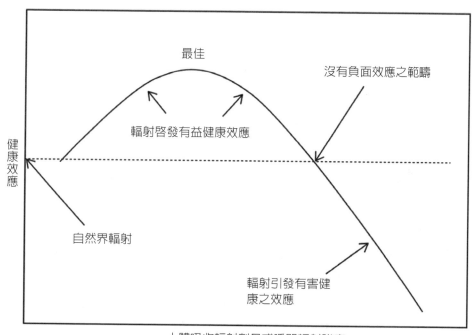

圖2.1

　　在這許多發表的研究報告中，也提供了一些理論上的線索，稱之為「輻射激發」論，英文是 Radiation Hormesis，其主要論述是基於低值適量的輻射可以激發人體細胞的免疫力，而使人體更有抗癌能力。這些探討，除了發表於許多學術論文中，也在一些專題書籍裏呈現更多的討論。

　　有史以來，人類人體每天要承擔許多自然界帶來的輻射，有從空中來，或從地面自然界傳來，有的從外太空傳來，加上食物中的微小輻射劑量，平均每人每天要接收能量傳遞入身體的點擊次數都在數百萬次左右，所以人體本身已經對這些能量的入侵，建立了有力的處理機制，可以防範這些入侵造成損傷，或修補受損壞的細胞，或是更換也移走損壞的細胞，這樣的機制也對毒素與細菌的侵入作同樣的防衛。

　　「輻射激發」的理論基礎來自於下列幾點論述：

1. 人體的防衛機制，可藉由防範輻射的侵入人體而逐漸建立起來。

2. 自然界的輻射所造成的細胞損傷，而形成變異的的數量，是平均每天每個細胞產生大約 0.01 個變異。

3. 人體吸入的氧氣，形成的自由基，會造成每天每個細胞約有 1 百萬個變異，這是病變的主因，也是主要防範對象。

4. 受損壞的細胞也會產生召喚免疫功能的訊號，此時若接收了低值適量的輻射劑量，可增加細胞的損壞數量，但是這個數字遠遠低於自由基所造成的細胞變異數量，而另一方面，會使損傷細胞會產生更多的召喚訊號，激發免疫功能，增加處理細胞變異的效率，防止癌症的發生。

　　理論性的探討加上觀察所得的數據，都形成了對這個議題的驗證，兩個相關的話題就是：低值輻射劑量的健康效益，與線性無底限模式的質疑，也被核能與醫學業界開始了對他們的探討。2017 年美國環保署也對有關法規的訂正，也開始了初步的行動，下面是一個實例，代表著一個有相當規模的事件，整個事件被追蹤了二十多年，收集了可觀的數據，完成了精密的的分析，在學術期刊上也發表了多篇論文，整個事件對這兩個有關的話題是個強有力的驗證。

2.5 核廢料分類

　　世界上有幾個核電大國，基於經濟或政治理由，現在選擇了不從核廢料中提煉出核燃料，也不做研發與設計如何消滅高階核廢料的技術，有的國家採取觀望或等待的態度，也有的國家對用過的核燃料不做任何處理，期待有一天可以完全置放地底深層，於是就沒有對用過的核燃料做任何下一步的工作，也就不在意核廢料如何分類。

　　法國是一個核電大國，已經積極的從用過的核燃料中提煉出可以再用的核燃料，送回了核能電廠再使用，也同時把用過的核燃料中的高階核廢料分離出來，計畫要用正在發展中的核反應技術來完成消滅這些高階核廢料，並藉以發電，所以法國在處理核廢料的議題上走在世界的前端，也是基於需要，法國走其他國家的前面，先發展了核廢料的分類法，因為這樣的成果有其前瞻性，也基於法國在技術上已採用了諸多方面的考量，又累積了執行上的實際經驗，這個分類法也開始被其他核電國家接受，在這裡就針對這個分類法做進一步的解說。

　　表 2.3 顯示出核廢料的分類，基本上這樣的分類是根據核廢料的兩個特性：輻射強度與半衰期或壽命，來對各類核廢料做區分，同時這個分類表，也對一些定位為低階與中階的核廢料料之處理方式做了明確的標示。

表2.3　法國核廢料分類法

依強度或壽命分類	壽命長＞30年	壽命短＜30年，＞100天	壽命極短＜100天
高階＞10^8貝克／公克	研究處理中或深層地底置放		依放射性強度自行管理
中階＜10^8貝克／公克，＞10^5貝克／公克	研究處理中	地表處置	
低階＜10^5貝克／公克，＞10^2貝克／公克	專案地表處置設計中		
極低階＜10^2貝克／公克	專案地表處置		

註：1貝克（Becquerel）＝每秒同位素蛻變次數

　　表中最左的縱欄用輻射性的強度來區分高階、中階、低階與極低階，共有四類的核廢料，所依據的區分標準，是用輻射的強度來劃分，輻射強度以同位素蛻變的速度做單位，採用每秒分解的數量，即在單位時間內，放射性同位素其原子核分解而蛻變成其他原子核的數量，最上一行由左至右所顯示的是依據各類核廢料的半衰期或壽命，所做的三種分類：最左邊是長壽類，有超過三十年的半衰期，最右邊是低於一百天的半衰期，中間的半衰期在這兩者之間。

　　表中這樣的分類顯示出核廢料可用四種不同輻射強度來區分，又再用三個輻射半衰期來劃分，所以原則上應該分成十二類不同的核廢料，但是這個分類表卻呈現了一個另有特殊性的安排，而使全部核廢料祇做了六個種類的區分，表 2.3 中間只呈現了六個方格，代表著這個六類的核廢料有著某種共有的相似性，而可以一起用同樣的方式處理。

　　當然，這種特殊的安排也反映了幾層重要的意義，輻射性強的核廢料所代表的的危機，遠不如半衰期特別長所代表的危機，因為輻射性強的核廢料，如果具有時間較短的半衰期，假以時日，此類核廢料自己會消失，所以只要對輻射性強的核廢料做好防護措施，它的威脅性遠遠低於半衰期異常長久的核廢料，對於半衰期長或壽命特別長的核廢料，即使在有限的時間內，能夠做到完善的防護，卻也難以保證所做的完善防護，可以持續到千年或萬年以後，仍然不受其他因素的影響，而永不降低品質或失效。

現代核反應爐內的燃料以鈾 235 與鈽 239 為主，因為它們有核分裂的特性，這兩個元素也正是核武的原料。

1945 年 8 月 6 日投擲在日本廣島的原子彈，所用的原料是鈾 235，1945 年 8 月 9 日投擲在日本長崎的原子彈，所用的原料是鈽 239，用過一次的核燃料，如果被稱為核廢料，含有沒有用完的鈾 235 與滋生出來的鈽 239，如果提煉出來，湊足接近臨界質量的存量，就容易製造成原子彈。當然，所有製造的過程與工程藍圖仍屬機密，但是野心人士或恐怖分子，有這方面的企圖時，第一步就是要收集足量的鈾 235，或鈽 239，於是用過的核燃料就會因為核武擴散的擔憂而分外受到重視。

用鈽 239 為例，用平均數字來陳述概念，一個現代的核電廠核反應爐，在消耗核燃料鈾 235 的同時，每年能產生出大約 130 公斤的鈽 239，遠遠超過鈽 239 的臨界質量，大約 10 公斤，當然這些鈽都存在使用過的核燃料裡，要取出做核武用途，還需大費周章地經過繁瑣的提煉過程，必須有大規模的廠房與防範高度輻射的設備，才能達到目的，所以從核能電廠所用過的核燃料中，直接取出核武原料並不是很容易的事。

但是，基於核武擴散的考量，防範不肖業者盜取之可能性，有一個國際性組織，國際核能總署（International Atomic Energy Agency，簡稱 IAEA），為了這個考量，在世界各地的核能電廠核反應爐旁，與存放用過的核燃料的儲存池旁邊，都設置及時同步監視的設備，以防範外來的不法之徒，或監守自盜的主人，擅自移動了使用過的核燃料，這一切的安排，與已投入大量經費與人力的工作，意味著，用過的核燃料與核武有密切的關係。

3.1　核武原料之來源

世界上最常用的核燃料是鈾 235 與鈽 239，這本書的討論也以這兩種燃料為主。當然，鈾 233 也會是另外一個好選擇，但是它並未被廣泛使用，沒有進入主流市場，所以對鈾 233 只做一點簡潔的敘述，會呈現在下面的一個章節中。

一、什麼是核燃料或核武原料

只要具備核分裂能力的元素，基本上都可以用來做核原料，來進行核分裂反應，生產核能，原則上可以用來發電或製造核武。但是有許多這類的元素並沒有被採取做成核原料，其兩大主要原因是：1. 產生連鎖反應所臨界質量太大，不容易設計出以它為主的核反應爐。2. 來源並非出自天然礦石，需經由核反應製成，無法大量生產，生產過程複雜，成本過高，費時太久。

表 3.1 列出幾個元素為例子，他們原則上都可以有核分裂的能力，但是能夠同時滿足上述的兩個條件的元素並不多。表中顯示他們的臨界質量，雖然原則上臨界質量愈小，愈容易達到臨界，但是也有不少臨界質量小的元素並沒有被普遍採用當做核燃料，是因為他們的生產過程偏於複雜，成本過高。

表3.1　元素臨界值

元素	半衰期（年）	臨界質量（公斤）	臨界直徑（公分）
鈾233	159200	15	11
鈾235	703800000	52	17
錼236	154000	7	8.7
錼237	2144000	60	18
鈽238	87.7	9.04	9.5
鈽239	34110	10	9.9
鈽240	6561	40	15
鈽241	14.3	12	10.5
鈽242	375000	75	19
鋂241	432.2	55	20
鋂243	7370	180	30
鋦243	29.1	7.34	10
鋦244	18.1	13.5	12.4
鉳247	1380	75.7	11.8
鉳249	0.9	192	16.1
鉲249	351	6	9
鉲251	900	5.46	8.5
鉲252	2.6	2.73	6.9
鑀254	0.755	9.89	7.1

二、核燃料或核武原料哪裡來

　　核能發電已有六十年的歷史，幾乎所有核反應爐所用的燃料都是鈾235與鈽239，或兩者之混合體，這兩種元素製造的方法會有原則性的敘述。近年有第三個選擇的核燃料也受到廣泛的關注，就是釷232。核反應爐內滋生鈾232，再利用鈾232核分裂的能力，把它當做一種主要核燃

料，這一章也會有以釷爲核燃料的討論。

(一) 鈾235哪裡來

鈾 235 是從天然鈾礦提煉出來的，天然鈾礦含有 0.72% 的鈾 235，其他的成分是鈾 238，鈾 235 有核分裂的能力，所以可以被用來做主要的核燃料，鈾 238 卻沒有核分裂的能力，無法達到臨界狀態保持連鎖反應，所以不能直接當成主要核燃料。有的核電廠的機型設計，需要更高成分的鈾235，例如壓水式核反應爐機型與沸水式核反應爐機型所採用的核燃料，其中的鈾 235 成分大約在 4% 至 5% 左右，所以爲了要增加鈾 235 的濃度，去配合這類機型所需要的鈾 235 濃度，或者其他機型所用的更高鈾 235 濃度的核燃料，天然鈾就需要經過增加濃度的加工過程，增加鈾 235 的濃度。

現在世界上最常採用的方法來增加鈾 235 的濃度，是使用氣體分離機。氣體分離機的原理是，當不同分子的氣體混合在一起時，共置於在一個圓筒體內，使圓筒呈高速旋轉，則分子重量高的氣體趨向外圈分布，分子重量低的氣體趨向內圈，使得分子重量不同的分子得以分離。

鈾礦礦石的化學成分是氧化鈾，氧化鈾先經過化學處理，使得氧化鈾轉變成氟化鈾（UF6），此爲氣體，適用於氣體分離機。在分離機中，主要目的是分離氟化鈾中的氟化鈾 235 與氟化鈾 238。所依賴的物理原理是這兩者的分子重量有一點小小的差異，氟化鈾 238 因容易留在半徑較大的旋轉軌道上，氟化鈾 235 就有偏移圓筒的內圈的傾向。圖 3.1 顯示了一個氣體分離機，圖中近中間的紅管是用來輸送運出被分離後的氣體，分離後的氣體氟化鈾二三五含量增加。

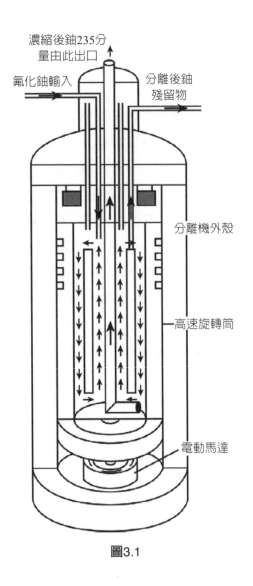

圖3.1

　　氟化鈾 235 與氟化鈾 238 兩者的分子重量很接近，這個方法分離兩者可以奏效，但是單一的分離效率有限，必須採取再分離的設計，把由紅管輸出的氣體，再輸入下一個分離機，再重複分離的機能，形成層級的串聯，達到分離後再分離的效果，多一次的分離就多一次增加鈾 235 分子的濃度，而最後達到預定的濃度目標。

　　沒有經過核子反應的鈾礦石，本身有的輻射性很低，只要沒口服入體內，從鈾發出的輻射粒子因為是阿伐粒子，很容易被人體皮膚阻擋它進入體內，所以危害甚低，意味著氣體分離機所運行的提煉鈾 235，或增加其濃度的過程是在輻射很低的廠房內進行的。提煉鈾 235 所需的氣體分離機的運作還有另一特色，就是體積龐大，其原因是為了增進提煉濃縮鈾的效率，廠房需要有許多氣體分離機串連在一起，形成一連串層級式的的作業，必須建立體積龐大的廠房，容納成串的分離機。

(二) 鈽239哪裡來

　　自然界不出產鈽 239，必須從核反應爐中經由核反應產生，其主要管道是以沒有核分裂能力的鈾 238 為原料，在一個核子反應爐內，有許多快中子，很容易與鈾 238 產生核子反應，一個快中子與一個鈾 238 原子核結合成一個鈾 239 原子核，鈾 239 自己會衰變，經過了大約 24 分鐘，會變成一個錼 239 原子核，再過大約 57 小時會再衰變，形成了鈽 239 原子核。

　　因為在鈽 239 是在原子爐內生產的，取出過程必須要有防護措施、設備與廠房，因為伴隨鈽 239 產生的地方，都有高階核廢料，因為在有充斥著許許多多中子穿越的地方，如，核燃料棒內，中子與鈾 238 同時產生了許多不同核反應，其中產生鈽 239 的核分應，只不過是成千上百個不同的核反應中的一種核反應而已，其他核反應會產生許多輻射強度不同的副產品，也包括了高階核廢料，高階核廢料的特質與處理方法會在下一個章節有專注的解說。

　　生產鈽 239 的基本概念是，這個元素在自然界不存在，而是必須在原子爐內經核子反應，用中子與鈾 238 的核子反應生產出來的，而這個核子反應的效率與中子在核子反應爐內的能量有關，快中子就比慢中子容易進行這種核子反應，有些核反應爐機型除了以發電為目的之外，又有生產鈽 239 為第二目的時，所設計的核反應爐就會刻意設計成增加快中子對慢中

子的比例，石墨緩衝核反應爐與重水反應爐裡面的快中子比率較高，常常負有生產鈽239的任務，壓水式核反應爐與沸水式核反應爐內是以慢中子為主的設計，所以這二者機型在鈽239的產量上，會少於前二者的機型。

　　一般發電的壓水式核反應爐，平均發電一年後在爐心可以產生大約160公斤的鈽239，如果提煉出來，可以做為快中子增殖反應爐的核燃料，或者，再回收與鈾235混合成再生核燃料，送回原來的核反應爐當做原料發電，這種混合的再生核燃料有一業界常用的名稱，叫做「混合氧化物」，英文是MOX，其意為Mixed Oxides，因為鈾235與鈽239在核燃料的化學形式是氧化物，即oxide，而非原來的金屬態，法國是做這方面回收的先驅者，從使用過的核燃料中提煉出鈽239，再做回收使用，已有數十年的歷史。

(三) 釷232與鈾233

　　鈾233是第三類核燃料，它有與鈾235與鈽239類似的核分裂能力，達到符合臨界條件時就可以維持連鎖反應，但它一直沒有被廣泛使用，可是在近年內，基於它的特色，常常被建議開始採用，一些國家也對它做了有規模的研究，在近年也常被報導它的效益與研發的成果，在這也會對它做一個解說。

　　有一些國盛產釷礦，釷是Thorium，它含的同位素有釷227，釷228，等一直到釷234，而釷232占全部同位素的99.98%。這是一個好消息，因為釷232放在核反應爐內，與中子產生核子反應，可以產生出鈾233，這是正是第三類可以做核燃料的元素，所以釷元素在核能發電的領域中也有一席之地。

　　印度有蘊藏豐盛的釷礦，所以印度在這近幾十年發展核電技術，都是以鈾233為主要燃料的設計，因為用釷做為初始的原料，可以產生鈾233，再以鈾233為主要核燃料，繼續在核反應爐內持續使用，這樣的物

理過程依賴快中子多過慢中子，所以印度在方面做了許多的研發，並且獨自發展快中子增殖核反應爐，與傾向快中子的重水核反應爐，都是要配合發展以鈾233為主的核電技術。

　　印度依靠釷礦做為核能主要燃料來源是一個合理的策略，因為印度是一個人口眾多的國家，有大量能源的需求，依賴自產的釷礦為核能發電燃料，是一個實踐能源獨立自主的藍圖，是一個合理的能源政策。

　　用釷礦為主要原料，把它放在核反應爐經過核子反應來滋生鈾233，再當做主要核燃料的這個過程，有個專業名詞，叫做「釷循環（Thorium Cycle）」。釷循環近年受到不少關注，也有不少這方面的研究、發展、設計與分析都在近幾年問世。

　　釷循環近年受到關注有另一個原因，因為近十多年，許多研發團隊推出了一些新世代的核反應爐機型，他們的設計趨近成熟，尤其近年來，許多商業團體準備把一些小型組裝式機型（Small Modular Reactor）商業化，其中有一個受到矚目的機型是熔鹽冷卻型（Molten Salt Reactor），在後面的一個章節有提到，使用熔鹽為冷卻液的諸多設計的版本中，有一個設計是把核燃料與冷卻熔鹽共同熔融一起，成為共融晶體液，這樣設計的優點是，液態容易導出核反應爐爐心，就近設置提煉設備，把導出的共融晶液，導入所建立的同步提煉的硬體安置內，同時進行提煉的任務，這樣的設計可以同步過濾出廢料，可以同時提煉出滋生的鈾233或鈽239，做到能夠同時發電又能即時做同步的生產。用釷做為原料，在這類機型很容易發揮可以滋生鈾233的優點，於是用釷做燃料的設計分析與研發工作在近幾年，有不少的進展。

3.2　爲什麼要監控核廢料

　　世界上仍然有一些國家有製造核武的計畫或行動，許多國際事件的發生都與這幾個國家在核武製造的議題上造成國際動盪不安有直接關係，因此防範核武擴散的工作不只是紙上談兵而已，面對的並不是假想敵人，而是會造成實質威脅的團體或國家。

　　上面曾談到核武的原料是鈾 235 或鈽 239。鈾 235 可用天然鈾礦當成原料，天然鈾礦的鈾 235 濃度甚低，但經過迴轉氣體分離機就可以增加鈾 235 的濃縮而達到可以使用的程度。而鈽 239 的產生是從核反應爐內，經過運轉而滋生出來的，這個過程可以用一個簡化的概念來說明，那就是一個有企圖製造核武的國家，可建立一個小型、與核能發電類似的核反應爐，運轉後把所發的電拋棄，或產生的熱量，用冷卻水帶走，運轉的目的就是等待核廢料收集足量，或者核燃料棒內滋生足夠的鈽 239，提煉出來後，準備製造核子武器。

　　世界上所有商轉的核能電廠都符合這樣的描述，意味著核燃料棒內都已經滋生出數量不少的鈽 239，原則上可以提煉出來製造核武。

　　世界上有大約二百個國家都與聯合國簽署了一項防範核武擴散的盟約，承諾不會發展核武，而爲了確保履行這個承諾的機制，這些國家與一個國際組織，國際原子能總署（International Atomic Energy Agency，簡稱 IAEA），另外簽下了核武檢查的盟約，允許 IAEA 到自己的國家所有的核能設施，做各式檢查以認證自己國家沒有發展核武，檢查的目標是確定所有的核能設施沒有特別意圖生產多量鈽 239，與設施內已經產生出來的鈽 239 沒有移位，或轉送他地。所涉及的核能設施包括核能發電廠，研發型或生產性核子反應爐，與核燃料提煉設施。因爲滋生出來鈽 239 仍然存在用過一次的核燃料棒裡或核廢料內，IAEA 的一項任務就是監控世界各地的核廢料，尤其是用過一次的核燃料棒，大部分仍然存於核能電廠廠

區，都處處被 IAEA 設置的監控設備進行一天 24 小時的即時監測。

3.3　監控核廢料之機制與機構

　　全面執行核武擴散的防範工作是國際核能總署，在這個章節裡用「總署」兩字做為它的簡稱，它的總部，就在聯合國隔壁，都在維也納的國際中心，但它並不是聯合國的附屬組織，而是一個獨立的機構，它成立的基礎是由世界許多國家的參與，成為它的會員而成立，它的會員國幾乎與聯合國的會員國相同，但是它有獨立的章程，只是它的章程有明文規定不會與聯合國的章程有任何抵觸，所以國際核能總署的任務是有積極性的支持聯合國在世界上確保和平安全的政策。不只如此，國際核能總署的每項任務的執行都在聯合國有註冊或報備。

　　當美國與聯合國共同提出有關防範核武擴散的議案或類似的議案時，大會通過的議案之執行也付交國際核能總署來付諸行動。

一、國際核能總署視為法定機構

　　國際核能總署成立有六十多年，世界上有一百七十多個國家是它的會員國，在幾十年裡陸續與它的會員國簽署了盟約，或再加簽有增訂條款的公約，使得該署有法源依據可以執行防範核武擴散的任務。

　　在冷戰期間，擁有核武的大國都用核武為恫嚇手段，以達到軍事對峙上的平衡，冷戰結束後，這個情勢發生了重大改變，而 2001 年的 911 事件，印證了仍然會有另種國際安全危機的型態。同時，也說明大家所擔心會發生的事件，的確是有其真實性。因此，防範核武擴散的觀點也開始漸漸深植人心，而被簽署公約的會員國認同，國際上泛起的安全與危機意

識，使得這許多的會員國，幾乎包括了世界所有的國家，都支持所簽的盟約，而防範核武擴散就是盟約的主要宗旨，這宗旨包括了三項要點：

1. 持有核武、儲備了足量核武原料與擁有核武技術的國家必須全力防範這三件被竊盜與防止其誤用之可能性。
2. 防止核武在自己國家內部擴散或擴散至他國。
3. 必須建立機制防範核武被恐怖份子所用。

二、任務

幾乎世界上所有的國家都簽了防範核武擴散盟約，依據眾國所簽署的盟約，國際核能總署就有明確的任務，那就是防範核武在世界各地或各國擴散，這是個複雜又艱難的任務，它包含有三個高能見度的目標：

1. 對會員國所聲稱的核能和平用途，能夠施以實質的驗證，以確定只有和平用途無誤。
2. 對於心不軌之會員國，用及時檢查的方式，可以早期發現任何不良意圖，而能夠有效遏阻其準備從事的行動。
3. 全面審查必須要考核的會員國，並作完整的驗證，以確保沒有遺漏任何形式核武器擴散的途徑。

三、工作

表 3.2 列出了針對這三個目標所需進行的工作，包括了工作的宗旨、涉及的範圍與執行的內容。例如，針對會員國，要偵查它在持有核武原料的數量上有無超標，再根據原料的特質，再判斷偵查工作在時間上的緊迫性。

表3.2　防範核武擴散之工作範圍

	任務宗旨	工作範疇	偵測數量指標的角色	偵查期限的角色	主要防衛性措施
驗證	驗證所有聲明的核原料仍在原位照原訂計劃使用	針對已經聲明的核原料	測量出核原料數量與該場地製造數量之目標	無關聯	核實原料數量
嚇阻	成功地掌握核武擴散途徑	針對在報備的場地或非報備所場地所從事的未報備之行動	並非直接目標	非主旨	不定時現場檢查
確定沒有其他管道	搜尋證據以查證任何核武擴散途徑	針對在報備的場地或非報備所場地所從事的未報備之行動	無關聯	無關聯	對當地情況有針對性的資料分析

　　國際核能總署賦予重要使命，所做的工作就是：「須及時偵查出，有無超量的核原料，從原本所宣示要做和平用途的儲量中，轉型成製造核武，或轉移做其他不名目的的用途，並且能夠及時查獲此類意向，有效的對不良企圖達到嚇阻的作用。」

　　表 3.3 闡明了針對各類核燃料或核武原料，在數量上超標的定義。在前面的章節，解釋一些核反應器物理方面的現象與「臨界」的意義，也列出一些核原料的「臨界質量」，意味著這些原料一旦聚集了足以達到臨界質量的數量，就足以製成核武，而這個表所列出的質量數目，是國際核能總署所規範的標準，作為追查的指標。

　　表 3.3 中所列出的質量數字，與表 3.1 所列出來針對各種核原料的臨界質量，作比較後會顯示一些差異，這樣的差異是有原因的。

　　第二章闡述了「臨界」的物理現象，所用的例子與表 3.1 所列出的「臨界質量」是針對 100% 濃度的核原料，而表 3.3 所列出的質量數，被當成總署偵查的指標，是有根據的，它意味著不純的核原料或濃度不是最高的核燃料仍有機會製造成核武器，對鈾 235 而言，濃縮度高於 90% 就被視

為核武之原料，而濃縮度再大幅降低時，但是如果仍然能夠使濃度保持在 20% 以上，只要聚集足量，仍然有機會可以組合成核武材料，對鈽 239 而言，具備核武的濃度是 93%，而世界上所有核電廠用過的核燃料棒內，所滋生出來的鈽 239，都只有 60% 的濃度，所以從國際核能總署的角度來看，要制定偵測核武原料之數量指標，所設定的規範就會不同於表 3.1 所列出的質量數 .

　　這裡附帶一提的是，鈾 233 也列在表中，因為鈾 233 也有核分裂的能力，可以當作核燃料，也可以當作核武的原料，而這本書為簡化核能燃料的概念，只用鈾 235 與鈽 239 當成解說所用的主要範本，而沒有常常把鈾 233 一起併入討論，原因是鈾 233 的主要的生產來源，需依賴釷 232 元素所滋生而形成的。這涉及更進一層的核反應物理，它的細節並非本書的主要宗旨，所以在許多解說中，只著重鈾 235 與鈽 239 的討論，而不常把鈾 233 加入核燃料一併討論，但用鈾 233 作成核武原料仍然不能忽視，它的偵測與存量評估，也屬於總署主要工作之一。

表3.3　國際核能總署追查核原料超標準則

核原料形態	超標數量	
鈽綜合同位素 鈽238含量低於80%	鈽	8公斤
鈾233	鈾233	8公斤
高濃縮鈾 鈾235超過20%	鈾235	25公斤
低濃縮鈾 鈾235低於20% 包括天然鈾與使用過鈾	鈾235 天然鈾 使用過鈾	75公斤 10噸 20噸
釷	釷	20噸

　　表 3.4 說明了針對各類核核料或核武原料，在其偵查時間上，所加與緊迫性的依據．國際核能總署針對各類核武原料，如果已經製造出足量，或存夠足量，而開始行動製造出核武，所需要花費的時間，做了評估，這些預估出來的時間都列在這個表中，國際核能總署也依據這些估算的時間，擬定出時間上的期限，在期限內總署須採取行動，並冀望能夠偵查出這些核原料的數量、意圖與去向。也是因為時間上的緊迫性，總署在偵查工作的安排上，其次數、頻率都根據著這些核武製造出來所花費的時間。

表 3.4　核武製造時間與國際核能總署偵查時間表

核原料	存在形式	製造所需時間	總署在偵查時間上及時的定義
鈽、高濃縮鈾或鈾233	金屬態	7至10天	1個月
純鈽同位素	氧化物	1至3週	
純高濃縮度鈾或鈾233化合物	氧化物	1至3週	
氧化鈾鈽混合原料	新燃料	1至3週	
鈽或高濃縮度鈾或鈾233	報廢物料	1至3週	
鈽或高濃縮度鈾或鈾233	已使用過燃料	1至3個月	3個月
低濃縮度鈾或天然鈾或已使用過鈾或釷	新燃料	大約一年	1年

四、偵查世界各地設施

　　所有能夠生產出鈽或鈾的核能電廠、核燃料或原料提煉廠、核廢料處理廠、鈾濃縮工廠、實驗型與研究型核反應爐，都是國際核能總署偵查的對象，都有定期檢查的機制與安排。表 3.5 顯示了總署所有須做定期檢查，在世界各地的設施。

表 3.5　國際核能總署定期檢查之核能設施

設施種類	世界各地受總署管轄設施 大約數字
壓水式與沸水式核子反應爐	180
同步換料核反應爐	20
其他種類核反應爐	10
研究型核反應爐與有臨界能力之核燃料組合	170
天然鈾或低濃縮度鈾之轉換與原料工廠	50
氧化鈾鈽混合燃料或高濃縮度鈾之燃料製造工廠	5
提煉工廠	10
增加鈾濃縮度之提煉廠	20
儲存設備	80
其他設施	60
設施場外原料存在地點	70

五、現場工作

　　這許多要被定期檢查的設施有一共同性：都有核燃料，也就是核武原料的存在。它們存在的特質都有所不同，在核電廠內，需要有核燃料使用，同時，另類核原料也滋生而產出，所以會有核原料存在。在提煉廠內，核燃料被提煉出來而存在；在廢料處理廠，核燃料被過濾出來而存在；在研究型與實驗型核反應爐裡，因為核燃料被使用而存在。由於這些核燃料存在或產出的特質都各有所不同，總署在檢查這許多設施時，所使用的方式與方法都必須有針對性地不同。

　　總署在設施現場的檢查工作，主要的目的是要檢查已有的核燃原料數量加上滋生出的原料，加在一起的總數是否符合所分析出應有的數量，一旦總數被認定符合分析出應該有的數量，也經驗證以後，往後的檢查就只要偵查出核原料的含量有無減少，或含有核原料的燃料棒或容器有無移

位，或消失。判斷含量有無減少則需依靠豐富的核子物理與核反應器物理的智識與經驗，偵查出實體的移位或消失則需依賴視察錄影設備與密實的紀錄，這一切都涉及了大量人力物力的投入，在現場從事實體的偵測，收集相關的數據與資訊，離開現場仍然需要涉及分析工作。

國際核能總署由於任務上的需求，自己研發出許多設備，可以在當場，對偵測的對象即時測出物質的成分、含量、濃縮度與同位素種類，這些自己發展出的設備也在這許多年的使用中，進一步強化成可攜型以方便現場使用，為了偵測鈽與鈾的存在，與同存的同位素，自己研發的設備有中子同步計數器與迦瑪射線能量頻譜儀．

六、非現場工作

近年由於網絡科技發達，許多現場的監視與審查任務，可以藉由遠端監控設備來執行，而不必有工作人員現身於現場，既可以節省人力，又可以達到連續監測的效果，為了配合這種安排，總署會增添一些另類設備，用來保障遠端設備之電源無中斷之虞，防範數據收集之竊換，現場的電腦設備與電子設備都有備用單元，以便在有狀況發生時，能夠即時自動接管任務的執行，可以防止篡改電子指令或數據，並可印證禁區現狀之維持。

非現場的工作包括了在現場取得樣本後，送到總署機構本身所屬的，位於維也納市郊的實驗室進行化驗，以驗證樣本的成分，或者送到被檢查的設施的所在地、被總署認證的實驗室，進行化驗．

表 3.6 顯示出從現場取得樣本後，在實驗室所進行的化驗，與分析後可以驗證出來的成分。因為化驗的工作隸屬核燃料提煉方面的專業，涉及複雜的技術，在此不加贅述，表中只列出分析的幾種主要方法，其目的是要傳達兩個重要信息，1. 防止核武擴散的當務之急是找出核武原料鈾與鈽之存在地與數量，2. 國際核能總署受眾國之托在孜孜不倦地稽查世界各地

可能有核武原料的設施，進行防止核武擴散的工作。

下一個章節也闡述總署研用的方法與儀器，在各種現場做偵測使用，以便找出並驗證核武原料，討論的深度也止於基本的介紹，也避開了不必要的細節，這個章節的呈現也冀望能表達這同樣的兩個信息。

表 3.6　實驗室分析技術與分析出成分

分析技術	分析元素	偵測對象材質
大衛斯格瑞法	鈾	鈾或氧化鈾鈽混合體
麥當勞撒維基法	鈽	含鈽材料
電位控管電離法	鈽	純鈽體
點燃重力法	鈾與鈽	氧化物
X光螢光法	鈽	含鈽材料
同位素稀釋質譜分析法	鈾與鈽	鈽，氧化鈾鈽混合體，使用過核燃料
高化學鍵鈽元素光譜分析法	鈽	鈽，氧化鈾鈽混合體
阿伐質譜分析法	鋂，鋦，鍋	使用過核燃料之各式形體
熱離子質譜分析法	鈾與鈽	純鈾，鈽

3.4 偵測核武原料之技術

對偵測鈾或鈽所使用的技術與儀器，在這裡作一個簡單的描述，在四種基本的放射性之中，阿伐射線、貝塔射線、迦瑪射線與中子，前面兩種沒有足夠的穿透力，無法進入樣本或偵查對象，來偵查是否有鈾或鈽存在其內部，所以一切使用的儀器都是根據干瑪射線與中子的特色，加上這兩者與核武原料的交互作用之特質，來探測鈾或鈽的存在，甚至測出存在的數量。

一、迦瑪射線能譜

每一個放射性元素都有它自己與眾不同的量子能階，於是所釋出的放射性有其獨特的能量值與強度，能量的值可以被輻射測量器直接測出，藉此識辨出該元素，而確定其存在，強度測量出以後，也可以與事前校準的數據作一對比，而得知其存在的數量.這樣的方式是依賴鈾或鈽其本身具備的特質，作為測量的原理，是視為一種「被動」方式。

(一) 一般材質

另外一種測量方式是屬於「主動」性的，就是利用一個外在的輻射源，如硒 75，發出其獨特的迦瑪射線 —— 401keV，這迦瑪射線穿透樣品，被設置在樣品另一端的輻射偵測器接收，接受的訊息與原來已知的迦瑪射線作對比，可以收集到樣品內物質特性的資訊，若再進行下一步操作，讓樣品在原地轉動，同時也讓輻射源作上下移動，同時，輻射偵測器也在樣品的另一端作同樣的移動，這樣的操作可以收集到範圍更廣、資訊更密集、內容更豐盛的數據，以便執行更精準的分析，用來研判出鈾或鈽的位置與數量的分部，這個原理與醫學用的 X 光計算機斷層影像 —— CAT scan 的原理是一樣的。

(二) 液態溶液

如果面對的材質是液態溶液，所採用的偵測方法就有所不同，在前面一個章節裡敘述過提煉的方法，說明如何從使用過的核燃料裡，提煉出鈾與鈽，做成再生燃料，或者由核廢料中把高階純核廢料分離出去，它們所要做的第一步，是用硝酸來溶解核燃料，於是溶液中就會有鈾與鈽的成分，所以，國際核能總署在提煉工廠或核廢料分離場做檢查的工作時，偵測的主要對象就是液態溶液。

偵測液態材質所用的方法是使用一個外在的迦瑪射線源，如鈷 57，釋放出能量較高又獨特的輻射線，帶有能量 122.06keV 與 136.47keV，引導他們穿過溶液，可以激發溶液中所有物質的電子層之量子能階，鈾的深層電子激發能階是 115.61keV，鈽的深層電子激發能階是 121.82keV，這些穿過溶解的高能迦瑪射線與溶液中的鈾或鈽中的深層電子能階產生交互作用，而使得穿過溶液的輻射能量，在激發能的位置上產生了改變，這些改變可以在輻射探測器上所接受到的能量頻譜中顯示出來，而藉此判斷鈾或鈽的存在。

二、中子同步偵測法

中子比迦瑪射線容易穿透厚實的材質，而鈾與鈽在許多場合裡，往往被厚實的材質包住，所以用中子當做一種偵測的手段，會比用迦瑪射線有效，所以使用中子偵測法就有其必要，而且，如果鈾或鈽存在的數量很大時，用中子做偵測手段也會得到比較準確的測量值。

這個方法是利用一外在的中子源，能夠自己產生出中子，讓這些中子對準偵測的對象，射進要被偵測的材質內，中子會與裡面的鈽或鈾產生核分裂反應，引發出一系列的中子，在分布於四周的中子探測器上產生訊號，根據這些被偵測到的訊號，就可以判斷出鈾或鈽的存在與數量。

但是外來的中子一旦與內部的鈾或鈽產生核分裂反應以後，會複製出更多的中子，甚至在極短時間內產生第二代與再下一代的中子，而增加了偵測的複雜性，這些中子也會在材料的元素原子核之間會來回碰撞多次以後，可能與核原料再度產生核子反應，或被吸收，或逸走，測量儀器的原理是把所有偵測到的中子訊號，找出他們的同步性，而歸納出初始的核分裂反應之次數，藉以判定鈾或鈽所數量，因為所涉及的理論基礎頗有專業性，所以偵測儀器的理論就不在本書贅述。

簡單的說，就是用先設計好的裝置，包括數個中子探測器，大家以並聯方式串在一起，再使用電路上的設計，對各個探測器所測到的中子訊號，設定適當的延遲時間，然後再對所有偵測的訊號一起整合。最後，所得的中子合成訊息，再與事先校準過的數據作對比，就可得出材料內所含的的鈾或鈽之數量。

3.5　各國監控核廢料與核燃料之現況

國際原子能總署在監控世界各地核廢料之際，執行防範核武擴散任務時，往往在有製造核武意向的國家遇過困難。在此用北韓舉例，說明這項任務困難的情況，北韓製造核武的方式就是用核反應爐滋生鈽 239，來累積成足夠核武原料，如同刻意製造產出核廢料，但目的是製造核武，其原理是相同的。

北韓製造核武的故事到現在尚未結束，在近年來媒體一直有其報導，在這裡所描述的重點，並不是他們在政治與軍事上的行動，而是著重於這個章節的主旨：核電原料與核燃料如何影響到核武擴張。

從 2006 到 2017 年，北韓一共實施了 6 次核爆，而且每次威力有逐次增加之勢，表示他們已經生產出足夠的核原料，才能從事這許多次的核爆，這些核武都是以鈽為原料，而鈽的產生只能從核子反應爐裏，經過運轉以後，從核燃料中滋生而出，一旦滋生出足夠的鈽，就停止了核反應爐的運轉，把用過的核燃料棒取出，再從核燃料棒裡面提煉出鈽，做為核武的原料。

北韓生產的核反應爐在寧邊這個地方，在同一地方也有一個提煉的設施，方便於鈽之提煉，這個核反應爐是氣冷式用石墨當做緩衝劑的一個大小為 5 百萬瓦的核反應爐，爐內有 8000 隻核燃料棒，這樣的設計如果能

夠從事達到目標的運轉，估算出一年可以生產 6 公斤的鈈，前面的章節有提到，國際核能總署偵測鈈的指標是 8 公斤，也是可以製成一顆原子彈的數量。

提煉鈈的工廠也在同一地區方便提煉的工作，從使用過的核燃料中，它們提煉出鈈所採用的提煉方法，在下面一章有詳細的說明，也是常用的化學或濕式提煉法。

北韓也準備建設兩個機型相同，但更大的核反應爐，一個是 50 百萬瓦的核反應爐在寧邊，另一個是 200 百萬瓦，在附近的泰川，前者每年可以生產 60 公斤的鈈，後者每年可以生產 220 公斤的鈈，這兩項設施因為某種原因尚未完工。

北韓自己有鈾礦，而高濃縮度鈾也是核武的材料，於是也引進了生產高濃縮鈾的設備，與有關建設氣體分離機的零件，目前為止這個工廠尚未完成。

北朝曾簽署了防止國際核武擴張盟約，為了落實盟約的執行，須有國際核能總署的實地檢查與偵測的行動，以驗證盟約內防止從事核武製造之條款，但是到目前為止，在二十多年裡，北韓尚未讓總署在核武設施現場成功的完成任何檢查工作。

在這十多年裡，中國、蘇俄、美國、南韓、日本與北韓從事了多次所謂的六國談判，寄望北韓能夠停止核武行動，但都無進展。

核廢料之再提煉與核燃料循環

所謂提煉是指從用過一次的核燃料中，把其中鈾與鈽再提煉出來，未來當成再生燃料使用。

現在世界上商轉的核能電廠，有 400 多個機組，約三分之二是壓水式核能電廠，三分之一是沸水式核能電廠，它們用的核燃料有一共通點，都是以鈾為主要成分。核燃料用一次以後，如果選擇不提煉的能源政策或核廢料政策，就把全部用過的核燃料整體當成核廢料處理，但是若選擇要進行提煉的能源政策，就要把其中的鈾與鈽提煉出來再使用，剩餘的物質包括高階核廢料與核分裂衍生物，再另外可以做處理，或做永久掩埋的處置。

用過一次的核燃料，其中的成分大約是鈾占 95%，鈽占大約 1%，次錒系元素也就是高階核廢料占 0.1%，核分裂衍生物占 4%。

所謂的提煉，不止是把可以再當成核燃料使用的鈾與鈽，分離出來，也可以把高階核廢料也同時分離出來，高階核廢料可以送入深層地底處置場，也可以當作另類燃料，後面有一章節，討論了高階核廢料也可以被「焚化」，同時也可以產生能源用來發電，這都拜它與快中子有核分裂特色之賜，原理與設計也在一些關於「快中子核子反應爐」與「加速器驅動次臨界核反應爐」的章節裏，提供了介紹。

4.1　為什麼要再提煉核廢料

把用過的核燃料從事提煉，有幾項優點：

1. 提煉出來的鈽與鈾可以當作再生核燃料，再使用。
2. 分離出來的高階核廢料可以用嬗變使之焚化，其過程能夠產生能量供發電用。
3. 分離出來的高階核廢料被焚化後，可以大幅減少它們輻射的劑量，可以

全面性的減低危害人體健康的機率。

4.高階核廢料焚化後，大量減少了高階核廢料，能夠減少深層地底掩置廢
　料的負擔。

4.2　核廢料提煉技術

一、提煉方法

　　從用過的核燃料中提煉出鈽與鈾，英文的名稱是 Reprocessing，或
「再處理」。它涉及複雜與冗長的步驟，與許多特殊的溶劑，而這個章節
的主要目的是要有效率地提供一個全面與整體的概念，而不著重於過於專
業性的化學反應方面之討論，許多化學過程與使用溶劑也都在一些學術刊
物中發表了關鍵性的細節，所以這裡的解說是設計成精簡的陳述，以傳達
主要觀念為主。

　　從用過的核燃料提煉出鈽與鈾，也同時分離出高階核廢料，早在七十
多年以前就已經開始，這裡會陳述三個方法，第一個與第二個方法屬化學
分離法，第三個方法是電解法，因為不涉及各式繁雜化學溶劑之使用，而
屬偏向電化學或電荷移動的物理方法。第二個與第三個方法，是比較進步
的新型方法，都在近十年所研發出來的。

(一) 鈽鈾化學分離法PUREX

　　PUREX 是個響亮的專有名詞，在「再處理」的這個專業裡，也是一
個頗為聳動的名詞，因為它涉及了一個國家在政治、軍事與經濟上，在國
際間的處境與互動的關係。對這些議題，下面會做進一步解說。PUREX
是 Plutonium Uranium Reduction Extract 的縮寫，意思是「鈽鈾還原抽離

法」，這裡的還原是指化學反應中的「還原」。而化學還原這個方法的主要原則，是依照鈽、鈾，與許多核廢料中的諸多元素，它們有不同的化學性質，而對某些化學物質會有不同的反應，根據這些效應的差異特質，就使用不同的溶劑來使它們一一分開，當然，化學分離法涉及的變數包括了過程器皿的大小、油脂之選擇、洗脫用劑、酸鹼值、通過流速、溫度等，但最後達到分離的目的，找出適當的溶劑才是化學分離法成功的基本因素。

用化學方法把鈾與鈽從用過的核燃料分離出來的第一步是用硝酸把它溶解，先全部變成液體，此時鈽與鈾的成分溶解成液態，經過過濾以後，再加入特殊的碳氫化合物，可以形成鈽與鈾的特別化合物。譬如，特殊的碳氫化合物可用磷酸三丁酯與正十二烷的混合溶劑，加入已成形的的鈽鈾硝酸物，可以形成磷酸三丁酯與硝酸鈾的共晶體，可以把鈾元素分出，這樣的步驟與概念也適用於鈽元素的分離，所以被分出來的成分，同時含有鈾與鈽於析出物質內。

下一步就是要把鈽從鈽鈾混合體分離出來，這就需要執行更多的還原過程，此時，所需要用的分離溶劑，需含有二乙基羥胺，硫酸亞鐵，與聯氨的液體。這些特別化學物與鈽鈾混合液體作用後，鈽會與這些化學物產生含鈽的化學根而被分離出。

圖 4.1 顯示的是一個簡化的示意圖，其主要目的是要傳達所涉及的基本概念，而實際上的操作比此圖所顯示的更為複雜，沒有展示的細節有：鈽鈾混合體被分離出來以後，還會被送至起點，再次加入適當溶劑，以增進分離效率，溶劑也會被再淨化做循環使用。

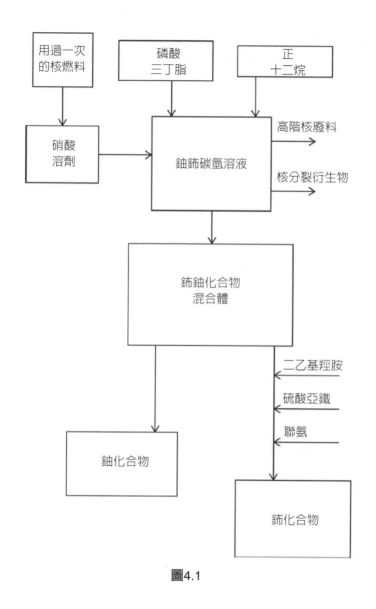

圖4.1

表 4.1 顯示了用這個方法做提煉鈽與鈾的國家與工廠所在地，這許多工廠場地其中有些已有了幾十年的歷史。

表4.1　鈽鈾化學分離法之國家

國家	提煉廠或場地
法國	拉黑格（La Hague）
蘇俄	馬雅克（Mayak）
英國	沙勒菲爾德（Sellafield）
日本	東村（Tokaimura）
美國	西谷（West Valley）
美國	沙瓦那河（Savannah River）
美國	漢福特（Hanford）
美國	愛達荷國家實驗室（INL）
美國	橡嶺國家實驗室（ORNL）

(二) 鈾化學分離法UREX

　　鈽鈾化學分離法已經有超過六十多年的歷史，近年來，分離的方法也逐步有了新的進展，累積的經驗與研發的成果，在近十年研發了不同的、新的、更有效率的溶劑，更重要的是這些新的方法更具備了針對性的分離效果，除了鈽與鈾能夠分離出來，又可以針對高階核廢料中的諸多不同元素，更可以做到個別分離出來，而能針對這些不同的元素，能做進一步的處置規劃。

　　大約在十年前左右，美國發展出了一套主要以分離鈾的一系列之化學分離法，分離出來的鈾可以一用再用。但是鈽因為有它的核武擴散的顧慮，所以這套方法刻意留置鈽與高階核廢料在一起，不讓他們分離。由於高階核廢料持有高度輻射性，增加了把鈽提煉出來的難度，以免被有意人士盜用做核武原料，研發的成果卻也使整體化學分離法提高了效果。

　　這裡再介紹一個名詞，叫「超鈾元素（Transuranic）」，鈾的原子數是92，任何元素它的原子數若超過92皆稱之為超鈾元素，而鈽之原子數是94，高階核廢料之元素都屬錒系原系，統稱次錒系元素，它們的原子

數也都超過 92，所以鈽與這些次錒系元素，統稱之爲「超鈾元素」。在這裡所談的鈾化學分離法，視所有超鈾元素爲同一群族。

另外有幾個核廢料的成分有其特殊的性質，也在這套方法被特別有針對性地進行了分離。例如，在核分裂衍生物（fission products），其中，銫同位素（Cesium），與鍶同位素（Strontium），它們會產生比較高的蛻變熱與偏高的輻射性，所以被視爲同類。另外兩個元素，鎝（Technetium），與碘（Iodine）同位素，它們有偏高的輻射性，所以在分離的過程中也被視爲同類。它們最後的處置方式也秉持著相同的策略，送入地底永久處置場，或送入加速器驅動次臨界核反應爐內，用「焚化」方式處理。

高階核廢料屬次錒系元素，包括了它們的諸多同位素，都因爲它們的高輻射性有著極長的壽命，所以被視爲同類，同時在鈾化學分離法中，也一併通過同一化學過程，這些元素都是鎿、鋂與鋦的同位素。

表 4.2 顯示了這個鈾化學分離法，可以分爲九個不同的系列或族群。不同的族群，各有一些分離過程的不同組合，每一個組合或族群可以分離出不同的產物，並能針對分出產物的特色做適當的分類。它的意義是，這個分離法可以成功的分離出不同族群的核廢料以後，對它們以後的應用，與最終處置的共同方式，提供了在規劃上很大的方便。當然，可以再生使用的鈾占了全部分離物質的 95%，表中的第一縱行標示出來的就是鈾，它的分離是這個方法的主要目的，所以這套分離方法也以此命名，稱之爲鈾化學分離法。

表4.2　鈾化學分離法各種程序分離產物

九種程序	產物1	產物2	產物3	產物4	產物5	產物6	產物7
1	鈾	鎝	鉋/鍶	超鈾元素/鑭系核分裂衍生物	核分裂衍生物		
2	鈾	鎝	鉋/鍶	超鈾元素	核分裂衍生物/鑭系元素		
3	鈾	鎝	鉋/鍶	鈾/超鈾元素	核分裂衍生物/鑭系元素		
4	鈾	鎝	鉋/鍶	鈽/錼	鋦/鋂/鑭系元素	核分裂衍生物	
5	鈾	鎝	鉋/鍶	鈾/鈽/錼	鋦/鋂/鑭系元素	核分裂衍生物	
6	鈾	鎝	鉋/鍶	鈽/錼	鋦/鋂	核分裂衍生物/鑭系元素	
7	鈾	鎝	鉋/鍶	鈾/鈽/錼	鋦/鋂	核分裂衍生物/鑭系元素	
8	鈾	鎝	鉋/鍶	鈽/錼	鋦	鋂	核分裂衍生物/鑭系元素
9	鈾	鎝	鉋/鍶	鈾/鈽/錼	鋦	鋂	核分裂衍生物/鑭系元素

　　這一套近年發展出來的方法與前一章節所闡述的鈽鈾化學分離法，有幾項重大的差別。除了這一套分離法的九種程序族群，各一個族群都增加了重複的循環再提煉與溶劑淨化的功能之外，也提供了新的溶劑，針對不同的物質群組做有效的分離。

　　譬如，表中第三縱行所列出來是第二種分出的產物，是鎝（Technectium）同位素，所用的分離器皿是離子交換器，所使用的分離劑是一種聚乙稀比錠（Polyvinylpyridine），它的作用是它可以把鎝元素

與鈽分開．第四縱行的產物是銫與鍶元素，它們的析出是依賴了一個化合劑含有：雙醋脂氯化鈷（Chlorinated Cobalt diCarbolide）與聚乙烯乙烯乙二醇（Polyethylene Glycol），整體化合劑簡稱 CCD_PEG。把鑭系元素與超鈾元素分開，所用的溶劑是磷化物分離劑。把高階核廢料次鋼系元素分離出，所用的分離劑是雙式乙基已基磷酸（di-2-ethyl-hexyl phosphoric acid）。

　　把鑭系元素與超鈾元素分開，另外有一個重大意義，超鈾元素基本上是鈽與次鋼系元素的組合，這個組合很適用快中子反應爐或加速器驅動次臨界核反應爐，當成燃料，因為這些元素，很容易與快中子產生核反應，快中子與鈽可以產生核分裂反應，有助產生更多的快中子，次鋼系元素也容易與快中子產生核子反應而使自身改變，成為輻射不強壽命不長的元素，消滅了高階核廢料，又同時產生了能量，用來發電。

　　用過一次的核燃料中的鑭系元素，對中子而言，都有一個不受歡迎的特性，它們容易吸收中子而不再產生中子，這種特質在核反應器物理的專有名詞裏，稱之為「毒藥（poison）」，如 5.3 中所描述的，它們傾向「吃」掉中子而不「吐」出中子，所以鑭系元素的存在，是再生核燃料在核反應爐裡的一個負擔，因為它們有礙中子在核反應爐裡，從事所需要的核反應。再者，在用過的核燃料內，鑭系元素存在數量的比例比次鋼系元素要高出 50 倍之譜，所以用化學分離法早日除去，可以保障再生核燃料的使用效果。

(三) 物理高溫電解法Pyroprocessing

　　提煉的方法，除了前面所敘述的化學分離法之外，近十年以來，有另外一種提煉的方式屬於物理性質的提煉方法，就是電解法，嚴格來說這個方式屬於電化學的範疇，與電解、電鍍的技術一樣，唯一重要的不同之處是這種電解或電鍍所用的液體不是低溫溶液而是高溫熔液，是高溫的熔鹽

在高溫下熔成液體，做爲電解或電鍍之主體，讓電流通過，使熔在主體內離子化的鈽、鈾與次錒系元素，奔向電解槽的陰極，達到分離的目的。

這個方法取名爲物理方法是要刻意把這個方法，與上面所敘述的兩個方法做個誇張的區分。因爲上面兩個方法的特性，是使用許多不同的有特色的溶劑，利用它們不同的化學特性，產生有針對性的化學反應，使得各種物質藉由不同的化學反應而得以分離。但是，這些都是化學性質的化學反應，而物理高溫電解法利用的特性是這些物質離子化以後，因爲處於電場中，在整體的電路上，依靠離子的電動勢而奔向所屬的電極，所以具有物理性質，就被取名爲物理電解法，它的英文名稱是 Pyroprocessing。

另外化學分離法與物理分離法，也有另外不同的名稱，在核廢料提煉的專業裡，化學分離法被稱爲「濕」法，而物理法被稱爲「乾」法。

這兩類方法，互相並沒有競爭性，而且不但如此，兩者還互相有互補性，能夠補足另一方法所沒有完全達成的任務，這裡會用一個實例說明，而在下一章節裏，會說明這兩個方法都各有其單獨存在的必要性，而且他們各自有不同的適用場合。

圖 4.2 顯示了物理高溫分離法的裝置與物理現象，這個方法主要適用的對象是用過的核燃料，但是只限於金屬核燃料，即金屬鈾或金屬鈽，而不適用於氧化鈾或氧化鈽做核燃料所產生的核廢料，先顯示這個圖，是要用這個例子說明所涉及的物理現象與原則，而大部分的燃料以氧化鈾或氧化鈽爲主，它們分離的過程會在另外兩個圖中有所說明。

用過的核燃料先壓成碎片，放在籃子狀的容器中，籃子連接在陽極上，浸在熔鹽裏，熔鹽是氯化鋰與氯化鉀的熔融共晶體（Eutectic），因爲保持在高溫下，熔鹽呈液體，在熔鹽內的陰極有兩個，一個是固體金屬，另一個是液態鎘金屬（Cadmium，Cd），如圖中所示，也沉入熔鹽中，分離過程是通電後，會產生電解電鍍現象，鈾離子，奔向固體陰極，而附著於上，部分鈾離子，所有鈽離子，與次錒系元素離子，奔向液態鎘陰極，而聚集其中，使這些元素得以分離。

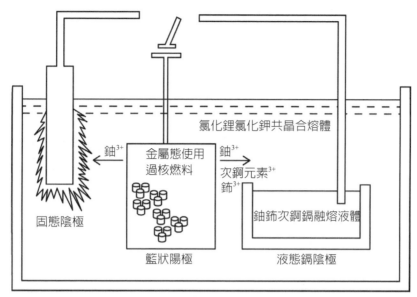

氯化鋰氯化鉀共晶合熔體

鈾$^{3+}$ ←　金屬態使用　鈾$^{3+}$ →
　　　　　過核燃料　次鋼元素$^{3+}$
　　　　　　　　　　鈽$^{3+}$

固態陰極　　　　　　　　　　鈾鈽次鋼鎘融熔液體

籃狀陽極　　　　　液態鎘陰極

圖4.2

在前面章節敘述了鈽鈾化學分離法，第一步就是把用過的核燃料全體溶解於硝酸中，所分離的對象是氧化物型態的核燃料，即氧化鈾，而不是金屬鈾或金屬鈽，所有的物質先變成硝酸鹽，以後的步驟是再用不同的溶劑，來分離出不同的成分，這個過程會產生大量剩餘溶液，因為其中仍含有次鋼系元素高階核廢料，所以整體呈高輻性液體，它有一個常用的名稱，高輻射性液態廢料（High Level Liquid Waste，HLLW）。其中由於仍有多量殘留的鈾（Uranium，簡稱 U）、鈽（Plutonium，簡稱 Pu）、次鋼系元素（Minor Actinides，簡稱 MA）、核分裂衍生物（Fission Products，簡稱 FP），仍需要做進一步的處理。

圖 4.3 顯示了從鈽鈾化學分離法，所殘留的大量高輻射性液態核廢料，可以用物理高溫分離法來繼續處理，把其中的四大成分，分離出來。

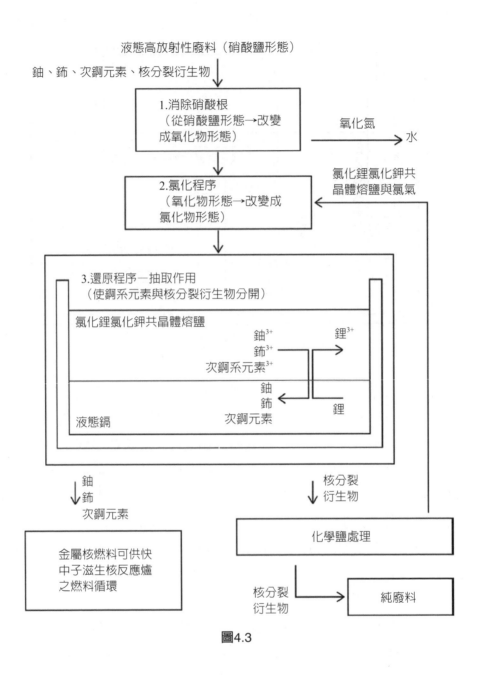

圖4.3

因為物理高溫分離法適用於金屬核燃料的廢料,而現在大部分核電廠的核燃料都是氧化物,二氧化鈾,所以要採用這方法是需要先把氧化物核

燃料的廢料，先還原，再轉變成氯化物，再進行物理高溫分離法。

變成氯化物有一重要目的，它可以與分解糟的氯化鹽熔鹽有相容性，核廢料變成氯化物以後，就適用於物理高溫分離法，進行電解電鍍過程，達到分離出鈽、鈾與次鋼元素之目的。圖中所示的第一步是消除硝酸根（de-nitration），把硝酸鹽變成氧化物，第二步是把氧化物轉變成氯化物，最後再置於大電解糟中執行電解電鍍過程，把熔於熔鹽中的三大成分、鈾、鈽、次鋼系元素，從離子型態析出，呈金屬型態，而可以製成金屬再生核燃料。

金屬再生核燃料適合用於快中子型態之核反應爐，也包括了加速器驅動次臨界核分爐。電解糟最後剩下溶液可用針對性的鹽類如沸石（Zeolite）與核分裂衍生物（Fission Products）在離子分離器中發生作用，而使之分離出。

這個方法有幾個優點：

1. 工廠體積小，因為不必涉及針對各類化學溶劑的反應糟，由於反應糟數量多，需面積大的場地安置。
2. 沒有水質溶液，不必擔心因為水的存在，而意外引發水的「緩衝」效應，而造成「臨界」事故。
3. 鈽不會特別與次鋼系元素分離，就沒有核武擴散的擔憂。
4. 高溫熔鹽核反應爐的核燃料與冷卻劑是一體的熔鹽，可以直接導出核反應爐，導入分解糟，執行物理高溫分離法，同步從液態核燃料中分離廢料，或滋生出的核燃料。

在早期，美國的布魯克黑芬國家實驗室、橡樹嶺國家實驗室與漢福特區都在這個領域中做初步的研發，大約在三十多年前，這個提煉方法被美國阿岡國家實驗室進行了相當規模的研發，頗有積效，近年十年因為有些國家為了進行提煉的目的，增加提煉的效果，開始積極從事物理高溫分離法的研發、設計與做產業化的準備。這些國家包括了美國、日本、歐盟、法國與蘇俄。

(四) 核燃料循環與兩者提煉方法之組合

前面介紹了從用過核燃料中提煉出鈾與鈽的兩類方法，有「濕」化學法與「乾」物理法，這些方法原來的主旨是提煉出可以再生的核燃料，做循環使用。但是無形中，執行的成績也具備了分離的效果，能夠把高階核廢與核分裂衍生物也同時分離出來。而且，若採用了先進的處理高階核廢方法，就是必須先把它們從用過的核燃料中分離出來，再併入另型核燃料，送入快中子核反應爐或加速器驅動次臨界核反應爐內，把它們「焚化」，而使之消失。

「焚化」高階核廢料就是藉快中子與它們產生核子反應，轉換成其他低輻射的元素，這個過程稱為「嬗變（transmutation）」，而分離的過程稱為 Partition，這個兩個字的合稱 P and T，是近年來由於處理高階核廢料技術的演進，而成為被常常引用的名詞。

提煉、分離與焚化這三個名詞不但他們互相難以分割，它們也同時是核燃料循環所常用的辭彙，近年日本提出了一個雙層核燃料循環的大藍圖，也被其他國用來當成一個全面的參考，因為這個雙層循環，提供了一個完整的的循環過程，不但在每個核燃料使用的階段，有適時又適合的提煉方式與方案，也提出針對再生核燃料最有利的使用策略，整體的方案呈現出了一個很有效率的大藍圖，而且許多單獨個體的運作也都恰得其位。

圖 4.4 顯示出日本在幾年前所提出來的雙層核燃料循環大藍圖，這是一個簡化示意圖，目的是要表達幾個簡潔的概念：1. 現核能電廠的核燃料，使用過以後可以提煉出再生燃料，送回電廠再使用。2. 提煉的過程涉及了「分離」與「嬗變」。3. 分離出來的鈽與次鋼系高階核廢料可以製成另類燃料，送入加速器驅動次臨界核反應爐使用，使用後的燃料可以再重複分離的步驟，再製成另類核燃料，送回爐中再用，分離出來的核分裂衍生物就送入深層地底處置場。

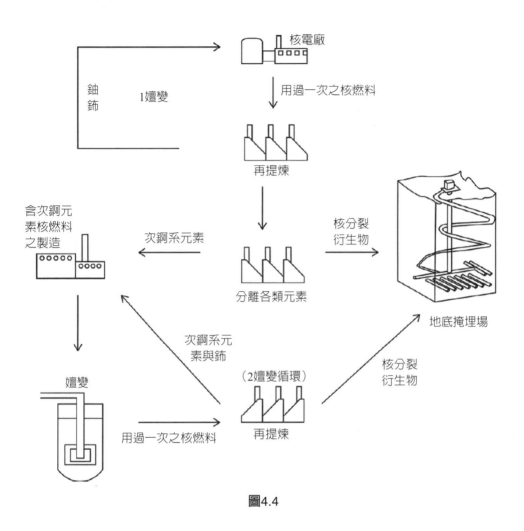

圖4.4

　　圖 4.5 所顯示的也是雙層核燃料循環的概念，表達相同的大藍圖，但標明了一些重要的細節：1. 在第一層的燃料循環裡，核燃料提煉的方法是化鈽鈾化學分離法。2. 第二層循環裡，提煉方法是採用物理高溫分離法。3. 每層的分離法執行後，在策略上都把產出的核分裂衍生物送入深層地底處置場。

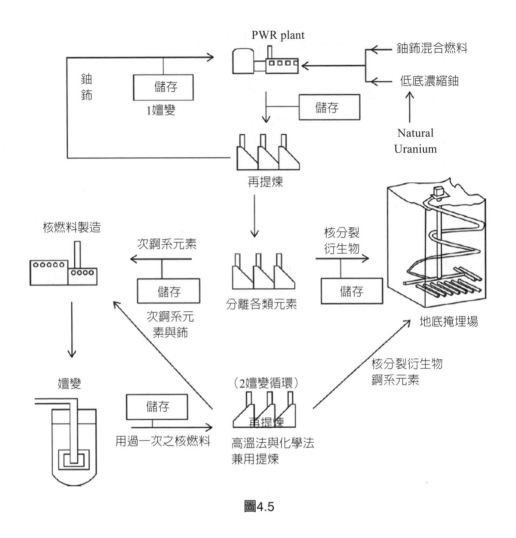

圖4.5

　　圖 4.5 所標明的第一項與第二項細節，也說明了化學提煉法與物理提煉法兩者沒有競爭性，由於它們針對的對象有所不同，所適用的循環層也恰得其所。

4.3　核燃料循環之意義

　　核燃料循環與核廢料之再提煉所談的是同一個話題，因為核燃料循環就是把核廢料裡面沒有用完的鈾與滋生出來的鈽，提煉出來當作燃料，再使用於另外一個核反應爐裏，發電用，這就是核燃料循環。

　　核燃料循環這個議題至少有四十年的歷史，但是這個議題所針的問題，卻隨著時間的變遷有著大幅的改變。

　　四十年前，業界面對的問題是鈾原料的消耗需要及時補充，因此冀望核反應爐中消耗鈾原料之際，能夠滋生出足夠的鈽，做為下一代核反應爐的燃料。但是近年有不少新鈾礦的發現而且蘊藏豐富，使得鈾原料的來源無虞，所以不再有鈾燃料來源不足的憂慮，加上下一代核反應爐的技術是以快中子為主的核反應作為物理基礎，快中子對原子爐的建材具較大的破壞力，產生的能量也較高，形成對熱傳導有更大的需求，機械工程上的要求更複雜。於是在早期實驗型的快中子核反應爐的運轉中，遇過不少瓶頸，同時，經濟發展的程度沒有達到如預期的趨勢，對電力需求也小於早年所作的預測，假以時日，對核能發電的熱衷也不如前期，於是新一代核能電廠的發展漸趨緩慢，而至完全停止。

　　然而，在近二十年，這個情形卻完全反轉，這種轉變情況都是基於幾個重要因素：1. 世界各地的核能電廠已經發電近四十年，累積不少核廢料，有待處理，而一項能積極消除核廢料的方法是置核廢料於快中子式的核子反應爐內，一則可利用快中子有消耗核廢料的特性，又能夠同時產生能量而發電，使得發展以快中子為主的下一代核反應爐又再度引發世人矚目。2. 快中子核反應爐之技術在近十年有了突破性進展，也已有商業型核電廠問世，技術上的瓶頸已逐漸消。3. 世人已經了解氣候變遷日趨嚴重，減碳的需求也已被世界公認，減碳政策即將於近年在世界各地開始，核能發電也被公認為一個有效率的減碳方法。4. 近十年以來，小型模組化

核能電廠的興建被認爲可以在短時間內完成，因此引起世人關注，而紛紛推出各式設計以爭取時效，同時，第二代的新型小型模組化核能電廠的推出，也加入消耗核廢料的考量，而傾向快中子核反應爐的設計。

上面所敘述的各型核反應爐，所用的核燃料是鈽，或者使用濃縮度偏高的鈾，或兩者的混合體，因爲從核反應器物理的角度的要求，用這樣的燃料才能保持快中子存在於核反應爐，於是從核廢料提煉出未用完的鈾或滋生來的鈽，就成爲整體運作不可缺失的一環，也正符合了核燃料循環的定義。

當然，防範核武擴散是一直存在的議題，消耗核武原料是防範核武擴散的一個有效的方法，於是從核廢料中提煉出滋生的鈽與剩餘的鈾，再製成燃料置入快中子核反應爐使之轉成能源之際，本身也消滅殆盡，從這個角度來看，也意味著，下一代的快中子核反應爐在整個世紀性核燃料循環中，更扮演著不可缺乏的角色。

4.4　核燃料循環之技術考量

在近二十年裡，核能學界從事不少核燃料循環方面的研究與分析，這些研究與分析的層面包括了許多不同的議題，這些都是錯綜複雜的議題，也都有互相糾葛的關係，主要原因是它們都涉及核反應器物理上的一些概念。這些複雜的關係與緣由也超出此書的範疇，在此不做專業細節性的說明，但是這些議題的主旨與觀念有重要的意義，因爲它們扮演著影響了世界在核能發展方向的角色，掌握這些議題的主旨與觀念對核燃料循環的了解有極大的幫助，這一章節針對這些議題指供了進一步的敘述。

一、滋生型與焚化型快中子核反應爐

核燃料循環的主要兩項主要設備是快中子核反應爐與核廢料提煉廠，快中子核反應爐會在後面章節詳細介紹，核廢料提煉廠也已經在前面章節做了技術上的描述。

快中子核反應爐有一個重要特質，可以用一個參數來表達，即滋生比例（Breeding Ratio，簡稱 BR），這個參數決定了快中子核反應爐的種類，是屬於滋生類？還是焚化類？這兩類概念的產生，都是因爲核反應爐在消耗鈾燃料之際又會滋生出鈽，而快中子核反應爐藉著快中子的特質，容易消耗滋生出來的鈽，如果能夠把滋生的鈽在核反應爐運轉時一併消耗掉，一則解決核武擴散的擔憂，又能產生多一點能量，這類快中子核反應爐被視爲焚化型（burner），於是此類核反應爐運轉後不會有剩餘的鈽，從滋生比例的觀念來說，焚化型的滋生比例值小於 1，滋生比例就是最後剩餘鈽的淨值與原來滋生總值的比例。

同樣的道理，如果滋生比例值大於 1，它屬於滋生型快中子核反應爐，在設計上要達到滋生的效果，而使得核反應爐在運轉過後，生產出有剩餘的鈽，往往在核反應爐爐心外層加上一個置放天然鈾——鈾 238 的區域，可以捕捉一些原本逃逸的快中子，用來與鈾 238 產生核反應，輾轉滋生出鈽 239，達到滋生比例大於 1 的效果。

除了在核反應爐設計的改變上能夠製造出不同型式的快中子核反應爐之外，在初始核原料的使用上，採納高濃縮度鈾也能達到不同快中子的效果。這樣，也同樣能夠達到有效率消耗鈽的目的，它的原理是出自快中子的產生是原出自核分裂反應，不論使用的核原料是鈽或鈾，在快中子核反應爐裡，沒有設計使快中子減速的設備或機制，而使核反應爐在運作時呈現快中子狀態。但是，在輕水式核反應爐，因爲用水做爲有效的中子減速劑，而使核反應爐之核反應呈慢中子爲主要機制，如果，此時增加核燃料的鈾濃縮度，或依賴鈽爲中子的來源，這會使得快中子來源增加，而使得

中子能源譜偏向快中子，也能夠增加消耗鈽的效果。

　　另外順便一提，採納高濃度鈾的初始核原料，能夠使核子反應爐達成效率較高的質能轉換，一般核反應器物理的名詞是「耗量（burn up）」，或者是「完全燃燒」的程度，它的物理原理與核反應爐裏有著不同能量中子的分布有關，這個話題涉及核反應器物理更深一層的觀念，超出本書範疇，在此不做詳細敘述，這裡所提的高濃度鈾做為初始原料時，它的濃度是 20%。

二、法國鈽鈾混合燃料（MOX）

　　上面的討論其目的是解說為何近年也有水冷式快中子核反應爐的構想，同時也有已經發生的案例與這樣構想相似，這就是法國的鈾鈽混合燃料（MOX，即 Mixed Oxides），指的是法國已經執行的核燃料循環的機制，從用過一次的核燃料中提煉出鈽，再與鈾混合製造成燃料，放回現有的核反應爐繼續發電。這是項意義重大的作法，代表著從核廢料或用過的核燃料中提煉出鈽為再生能源，不是紙上談兵，而是已經實施的程序，這個過程在核燃料循環上，俱先驅性，也在核能安全上，與核電運轉上俱示範作用。

　　因為燃料中多了鈽，使得核反應爐徒增快中子源，而中子能源譜在核反應爐內，除了在能量尺度上有分配上的改變，同時也在幾何分布形狀上也有所移動，使得中子在爐心的整體分布上略有變動，因此在安全操作上，也須有控制棒效果改變的考量，所以使用 MOX 核燃料的核反應爐，有必要更改控制棒的設計，以確保了原始設計在內的安全性，使之繼續運轉多年而無虞，法國的 MOX 燃料棒的使用，在核燃料循環的領域裡，帶領世界向前邁進一大步，同時也在輕水式核能電廠的領域裡，有了實質快中子運轉的經驗。

三、分析的各型案例

這數十年來核能學界在研究分析核燃料循環這個題目上，已累積不少成績，這些研究的主要宗旨是冀望找出一個最佳方法，做為處理核廢料的方針，又能優化經濟效益使核能價值發揮到最大，更能對防範核武擴散達到效果。

採納不同策略，或使用不同類型的核反應爐，會產生各種不同的核燃料循環之效果，這裡所列出的主要有 4 大類的核反應爐類型或核燃料循環策略，都是從上面的討論歸納而出，這 4 大類形成學界在這個議題的研討上所採用的基本案例，這些列舉如下：

1. 以焚化型，BR < 1 的快中子核反應爐為主要機型進行世紀核燃料循環。

2. 以滋生型，BR > 1 的快中子核反應爐為主要機型進行世紀核燃料循環。

3. 沿用法國使用的 MOX 混合體核燃料方式繼續進行核燃料循環，這個方式屬於輕水式快中子的作法，其 BR 值 < 1，數值很小。

4. 根本不提煉，用過一次的核燃料棒全部視為廢料，準備他日送入地底深處做永久性掩埋。

上面的第一類型與第二類型的核反應爐是近幾十年來，學界所提出的兩大類快中子核反應爐，既有負起下一代核能發電的重任，包括善用核燃料的考量，使之發揮高效率的質能轉換，也同時被冀望能夠有能力或容量來消耗這一代核電廠所產生出來的核廢料。

第三項所提出的鈽鈾混合體燃料，代表著法國在核能發展上已經走在世界前端，在世紀性的核燃料循環藍圖裏，是一項已經造成事實的突破，而不容忽視，也代表著此類設計在進入商轉市場所需成本也已經降低，因為一些需要的安全審核與運轉經驗都已經被完整驗證，在技術層面被認定的突破的原因，是這項設計更改了輕水式慢中子型核反應爐的核能發電之原則，朝向快中子型設計的方向的邁出了一大步。這式設計在此被同時列出為研究分析的對象，是因為它已經占了世界市場的先機，在世紀核燃料

循環上形成不可忽視的地位，它的效果也同樣需要被檢視，與其他不同核燃料循環策略或核反應爐機型的分析一起作比較。

用這 4 類核反應爐或循環策略所做的研究分析，必須針對某一目標，來做爲時近一個世紀的計算與檢視，來審查對所分析的目標所產生的效果，這些效果的指標會在下面的章節做進一步的說明。

四、效果指標

所有核燃料循環的研究與分析涉及了專業又艱澀的計算方式與討論，因爲大部分的討論與核反應器物理的觀念有關，討論的過程又必須保存計算方法的透明度，雖然這些都有其必要性，但不適合這本書的範疇，所以這裡一切的說明都用簡潔文字，專注於大前提的描述與簡單扼要的結論，針對的是下列幾個重要的指標而作出重點式的敘述，描述核燃料循環的各種可以選擇的方案，與這些方案的效果。

下面被細分章節的標題就是各種方案效果，被用來做檢視的指標，也包括了對不同採納的核反應爐機型與核燃料循環策略，一一做了綜合的闡述。

1. 經濟上的分析以優化能源產量爲指標

從核廢料再提燃出未使用的鈾與滋生出來的鈽，是要再使用於下一代核反應爐做用電用，由於不同機型有不同的發電量，所顯示某一策略的優勢是用總發電量來做指標。

用這個指標來比較四大類的策略，顯而易見的是，採納 BR > 1 的快中子核反應爐機型會勝出，都是因爲被提煉出來的鈾與滋生出來的鈽，完成基本燃料的再生，而產生最大的效果，這類機型也善用快中子，使得核廢料內的天然鈾——鈾 238 也參與了核反應，滋生出鈽，增加了燃料消耗的效果。

2. 核廢料剩餘數量

採用快中子核反應爐在消耗核廢料的能力上，有絕對又有極大的優勢，在四種核燃料循環的策略上，可以把第四類，即完全不提煉的策略所產生出來的核廢料，視爲核廢料產量最大的一個選項，做爲基準來與其他三類做一比較，因爲其他三類因爲採用的都是快中子機型，隨然都有不同程度的消耗核廢料之能力，但全部都能夠展現極有效率的能力來消耗核廢料。

這裡所顯示的數字，都是近似值，其目的是要用一個極爲簡化的方式，來比較各類策略或機型時，能夠突顯它們在消耗核廢料的效果。

用焚化式快中子核反應爐爲主要機型進行核循環策略時，也是上面所列出的第一類，即 BR < 1 的選項，最後世界上在經歷了一個週期的世紀核燃料循環之後，所剩無幾的核廢料，將會是完全不提煉選項的三十分之一，這會大大減低了它日把這些純核廢料送入地底深層做永久掩埋的負擔，也完全突顯了採用焚化型快中子核反應爐在消減核廢料的優點。

上列的第三類機型與策略選項是採用法國混合核燃料（MOX），仍然使用在輕水式核反應爐內，雖然與快中子核反應爐，也就是上列的第一類與第二類的設計大有不同，但是由於混合燃料含有鈽，容易產生快中子，而使得爐心內中子能源分布偏向了快中子一點點，但是由於這一點的小改變，使用這類核反應爐消耗核廢料的能力大大的提高，從世紀之久的核燃料循環的角度來看，這個小小的改變，使終極剩餘的核廢料總量，是完全不提煉選項所產生的廢料總量的十五分之一，它的意義是不論設計的改變有多小，一旦造成快中子增加，對消除核廢料有產生極大的效果。也是基於這個原因，法國的 MOX 鈾鈽混合燃料，在核燃料循環的領域裡占了重要的地位。

3. 天然鈾的消耗量

四十多年前快中子滋生爐的設計，是針對當時鈾礦的消耗，有著核燃料不足的擔憂，而計畫在新一代的核反應爐滋生出鈽，作爲新燃料，如

今因為更多鈾礦蘊藏的發現，就不再有此憂慮，於是新一代的核反應爐有了新的使命，這些使命包括了消耗這一世代核能電廠生產出來的核廢料，與下一代核反應爐更有效率的使用核燃料，但是各類核反應爐用於不同的循環策略時，經過世紀之久的核燃料循環之後，各類不同策略所消耗的鈾礦總量，會有不同。這個參數也引起決策者與學界的注意，而在全盤思考後，把這四類機型在世紀燃料循環裡，所需要鈾礦總量作一比較。

顯而易見的分析結果是，如果完全不從用過一次的核燃料棒提煉做再生循環使用的話，一個世紀的發展核能後，世界所需鈾礦的總量若設定為1的話，則採用滋生式核反應爐，BR > 1，為下一代核電主機時，其所需鈾鑛總量大約為 0.63，而採取法國混合燃料（MOX）為主的核循環機制時，所需鈾鑛總量大約為 0.87，雖然這些數字都是近似值，而且分析的過程必須依賴某種程度的經濟成長或核能發電量的逐漸增長率，都是高度的假設，但是分析的結果至少可以顯示一些大約的概念，即不論採納何類機型或循環策略，它們在鈾礦消耗的總量上，差距不大。

4. 核廢料提煉廠所需容量

既然要從核廢料或用過一次的核燃料棒中提煉出未用完的鈾與滋生出來的鈽，做再生循環使用，建設提煉廠就有其必要。若要面對全世界的核廢料，作了世紀性核燃料循環的要求，提煉廠的容量，或產生能力就必須被檢視，這個必要性是基於二大因素：1. 愈大的提煉量，或愈大的提煉廠容積，所費成本愈高。2. 核燃料提煉廠在防範核武擴散的總體機制而言是最弱的一環，因為提煉出的產品鈽甚至是鈾，產量高，又容易製成核武，正是核武不法分子覬覦的主要目標，因此提煉容積愈大其呈負面的指標就愈大，這是核燃料循環策略裡的缺點。

當滋生型快中子機型被採納為核燃料循環為主要機型時，提煉容積量的需求是最大的，這個結論是顯而易見的，當法國混合式核燃料（MOX），被採納為核燃料循環之主要方式時它所需要的提煉容量也不容小覷，這都是因為輕水式核反應爐已經累積有四十年份量的核廢料或用

過一次的核燃料，這些累積量都是實施核燃料循環初期時提煉的負擔。

上面的分析是對四項不同的機型或循環策略，用了同一個計算模式，有系統的針對了個 4 個指標，來比較各項的優劣或好壞，但是由於計算的週期很長，加上有許多必要的假設，計算出來的數字必有誤差，雖然如此，這類的分析有對世紀性核循料特質的趨勢，仍然可以看出端倪，有助於做爲他日決定核燃料循環策略的重要參考。

4.5　釷鈾核燃料循環

目前世界絕大多數核子反應爐都是以鈾 235 爲主要燃料，也有少數核反應爐使用的燃料混以少數鈽 239 在內，也有使用鈾 238 做爲啓動時的燃料，繼而依賴滋生出來的鈽 239 於爐心維持核反應，鈾與鈽被視爲目前在世界核電工業與核燃料循環機制內的兩大主要元素。

近二十年來許多探討以釷元素（Thorium）爲主要核燃料的核反應爐設計與相關的核燃料循環議題，開始在學術界進行了分析，有許多這方面的論文發表，印度也在這個領域積極發展了許多重要實驗型設施，近年也另有兩、三個國家在媒體報導了它們在這方面有發展的意向，但是以釷鈾爲核燃料爲主的核能發電工業尚未開始，而一項新款式之核能發電工業需要大量資金、大量分析工作、長久時間之測試與深度的安全驗證，才能成熟地切入商轉市場，所以發展以釷爲核燃料的核能工業，目前仍停留在討論與宣傳階段。

以釷爲核燃料的議題棣屬核燃料循環的範疇，所以這個議題在這裡會有綜合性、全面性與完整性的介紹，但是因爲許多有關資料涉獵核反應器物這個專業題目，所以一切敘述以扼要簡潔方式爲主，來歸納出以釷爲主的核燃料循環的一些重點性之特色。

一、爲什麼釷可以成爲核燃料

　　世界發現的釷礦蘊藏量大於鈾礦之蘊藏量，因此開採釷礦做爲核燃料之想因應生出，同時有些國家盛產釷礦，如印度與巴西，使這些國家有了發展能源獨立自主的意願，印度在近二十年大量投資於在這個領域的開發，已經走在世界前端，但是目前處於研發階段，離開全面商轉尚有一段路要走。

　　釷元素本身不能視爲核燃料，因爲它不具備核分裂的能力，但是釷若放在運轉的核反應爐內，可以滋生出鈾 233 這個元素，而鈾 233 具備了強有力的核分裂特色，可以與鈾 235 與鈽 239 並駕齊驅，視爲主要核分裂之主要元素之一，鈾 233 在核反應爐內滋生的核反應式展示如下：

$$Th232 + n0 \rightarrow Th233 \rightarrow 蛻變 \rightarrow Pa233 \rightarrow 蛻變 \rightarrow U233$$

　　用釷 233 來滋生出鈾 233，與用鈾 238 來滋生出鈽 239，兩者有許多相似的地方，因爲它們都需要經過滋生的過程，意味著這兩者滋生用的核反應爐在啓動時需要用鈾 235 做原料，以供應在開始的程序中所需要的中子，另外，滋生出來的鈾 233 與鈽 239 除了可以做爲下一代再生燃料，也都可以做爲核武原料，因此這兩個元素的產生與產生的過程，都是防範核武擴散的對象，因爲核燃料循環這個題目涉及許多議題，而這些議題互相牽扯著錯綜複雜的關係，這兩個滋生出的元素在整個核燃料循環的相似之處，有助於闡述許多共同議題，也容易表達這些議題的重點。

　　與上面所列出的滋生出鈾 233 核反應式，極爲相似的，滋生出鈽 239 的核反應式，也展示如下：

$$U238 + n0 \rightarrow U239 \rightarrow 蛻變 \rightarrow Np239 \rightarrow 蛻變 \rightarrow Pu239$$

二、釷鈾核燃料優勢

　　用釷來滋生鈾233做核燃料有許多優勢，這些優勢列舉如下，但是這裡沒有對這些優勢做深入的討論，或指出形成這些優勢的理由，以避免冗長的分析，或太過專業性的敘述，兩者都不包括在這本書的範疇裡。

1. 釷燃料的選項增加了更多核能的來源。

2. 釷燃料若他日被選為代替混合燃料中的鈾元素或氧化鈾，即代之以氧化釷，對消耗鈽的效率會增加兩倍至三倍，因為鈾233核反應的產量會形成更有利的中子能源分布。

3. 二氧化釷為核燃料會有更好的熱傳導系數與低膨脹係數，比二氧化鈾更有利於核能安全與熱效率方面的提升。

4. 輻射對二氧化釷的損害低於二氧化鈾。

5. 鈾233在慢中子環境中也有會保持中子的產生量，而不必必須依賴快中子核反應爐來維持滋生或產生核能的核反應，這使得現有的輕水核反應爐的設計，不須大肆修改就可採用。

三、釷鈾核燃料瓶頸

　　用釷鈾做核燃料會有新的技術瓶頸與仍然存在的舊問題。

1. 滋生鈾233的過程會產生鈾232元素，這個元素會釋放高能量的迦瑪射線，造成輻射防護措施的成本。

2. 二氧化釷比二氧化鈾有更高度的化學穩定性，因此從釷鈾核燃料從事各項的提煉工作，所需要的化學溶劑必須具備更強烈的腐蝕性，才能有效的達成提煉的目的。

3. 二氧化釷有很高的熔點——3390℃，這意味著在製造二氧化釷的核燃料棒成分時，會面臨的製造工程程序上有更高的難度。

4. 鈾 233 有高度的核分裂特性，也可以做為核原料，所以也面臨了防範核武的難題，與快中子核反應爐滋生出的鈽 239，有著同樣的擔憂與防範考量。

5. 用釷來滋生鈾 233，與用鈾 238 滋生鈽 239，需要的時間比較多，加上核反應物理上的要求，若要在滋生鈾二三三的產量上達成滿意的目標，核反應爐內的核反應效率或燃燒率（Burn up），以釷鈾核燃料循環整體來檢驗，必須達到 100MWd/kg 這個目標，這個目標遠遠超過現代核反應爐的規格，現代輕水式核反應爐的 burn up 平均是 35MWd/kg，若他日工業界要發展以釷為主的的核能發電系統則必須要大量投入材料方面的研發，期盼能夠發展出新的材質，用在核燃料棒包層（cladding），以承受如此高的燃燒率。

四、釷鈾核燃循環之展望

以釷為原始材料用來滋生足夠鈾 233，兩者共存組合了釷鈾核燃料，用它來發展新式的核能發電系統，現在仍在初步的構想階段，這裡的敘述都出自於近二十年的研究分析，以精簡的方式在此描述，雖然印度也開始了有初步的整體規劃，也建立了實驗性的模型，但離商業運轉尚有一段很長的路要走，不但如此，釷鈾核燃料是項新式核電體制，它所面對的主要障礙是要面對一個龐大又已經成熟的核電市場，也是一個在各方面都被鈾鈽核燃料已占先機的市場，除非有卓越的優勢，很難以新產品的姿態切入市場。

4.6　核燃料循環的策略與展望

　　目前世界一些核能大國各自採取了不同炫燃料循環的策略。中國、日本與蘇俄，採納了世紀性核燃料循環，傾向於焚化式機型的循環策略，但是尚未開始全面的操作。法國的混合體核燃料循環屬於低量焚化式，但是已經成為世界先鋒，開始執行了核燃料循環的機制。瑞典與芬蘭決定採取完全不提煉的策略，準備把用完一次的核燃料送到地底深層做永久性掩埋。其他國家如美國、加拿大並未決定是否對用過一次的核燃料棒，要完全送入地下做永久性掩埋，而聲言若存入地下，也要等數十年後再做最後要如何處理的決定。

　　採納核燃料循環的機制可以大幅提高核能燃料轉成能源的效率，減少資源的浪費，同時也大幅減少純核廢料的最終數量，可以有效的大幅度的減少地底掩埋所需的負擔與成本。美國核能學會在 2018 年舉辦了一個民意調查，絕大多數會員贊成實施核燃料循環，並呼籲政府早日制定實施策略與執行方針。

5章

核廢料處理

處理核廢料的方式有兩大類，第一類是送到地底深層掩埋，第二類是送到快中子核反應爐去焚化。這兩類各自都涉及，許多深入又複雜的議題，這一章分兩大部分，目的就是把這兩類方式做一個詳細的敘述。

5.1　核廢料地底處置之方法與方案

高階核廢料的處理方式基本分成兩大類，第一類以法國為主，主張把用過一次的核燃料提煉出可以再使用的鈽與鈾，再製生成再生核燃料放回核能電廠使用，也在近三十多年自己執行了這一切，也替一些其他國家提供了提煉的服務，也製造再生核燃料讓他們使用，法國也在消除純高階核廢料的發展上不惜餘力，與歐盟一些國家從事研發與建造具規模的實驗型加速器驅動次臨界核反應爐。

第二類方式是完全不提煉，也對產生的高階核廢料不採取任何消滅的處理，把用過一次的核燃料，就完全當成全部是核廢料，不對它做任何處理，期待他日全體可以送入地底深處，做永久性的置存或閉封。

許多國家的政策，採納了把核廢料直接送入深層地底做永久處理，於是這些國家就從事建立地底核廢料處理場的準備工作，由於適合的地點所涉及的要求範圍很廣，除了需要從事深層地底的結構建設與阻隔輻射的工程之外，還有許多涉及高階核廢與長期地質的共存的議題，也需要進行分析，才能決定地點是否符合長期置放高階核廢料的要求。

地底核廢料處理場對地點選擇，所依循的原則分成兩大部分，第一部分適用人文性的選擇，第二部分則適用於地質的考察。第一部分也屬於在核廢料安置完成，全部閉封之前所要考慮的原則，而第二部分屬於核廢料安置於地底後，全部閉封之後，所要考慮的有長遠時間性的，地質對核廢料存放，所有有關的技術性的考量。

　　圖 5.1 顯示了一個一般性的地底深層核廢料置放場的示意圖，圖中除了顯示在地底主要置放核廢料的區域之外，也顯示了一個實驗型的區域，因爲除了選址與建設工程的工作之外，尚需進行許多地質方面的測量與實驗，以確保核廢料在長久時間內存置地下的穩定性。

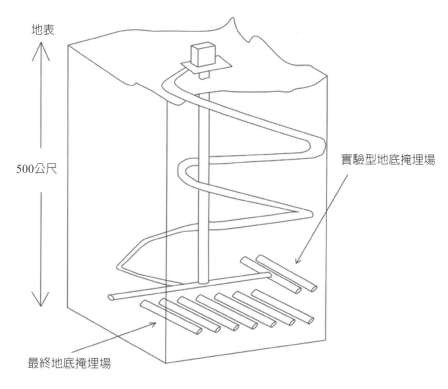

地表

500公尺

實驗型地底掩埋場

最終地底掩埋場

圖5.1

5.2　核廢料地底處置之技術議題

　　地底處置之技術議題基本上分爲兩大類：1. 對核廢料本身進行爲安全考量進行固化程序。2. 對核廢料本身產生的輻射熱作工程上的考量，以

確保其環境不會發生溫度過高,而影響到工程材料的壽命,這兩類議題都在後續做詳細的說明。

一、安全考量

在核能安全上,要把核廢料先固體化,再送入地底處置場做永久性的封閉。此時,固體化這個名詞含有固定化或定形化的意義,這都是要針對「臨界」安全上所採用的處理方法。原因是若把用過一次的核燃料當成核廢料時,其中會有沒有用完的鈾235與滋生出來的鈽239,假以時日,而且是相當長久的時日,難以保證這些可以做核分裂核反應的元素,永遠互不靠近而呈「集中」的現象。核反應「臨界」的兩大條件之一就是「集中」,為了有效地防止這些核燃料經過極度長久時間有任何「集中」的可能性,這類的核廢料就需要被做定形化的固化處理。

(一) 核廢料需要固化

所謂固化的意思是把一些高階核廢料固體化,有的廢料的原始型態是液體,所以把它轉變成固體,就容易搬運與處置,有的核廢料,為了減少體積,就用化學方法,過濾出高階核核廢料的成分,使必須做永久地底存放的體積大幅減少,以減少地底存放容量的壓力。

這裡用幾個例子來描述一些固化的過程,其目的並不是要做專業性的闡述,而是希望用簡短的篇幅來傳遞幾個固化的概念。

1. 玻璃固化法

英國有一個工廠做了高階純核廢料玻璃化的程序,它的步驟是把用過一次的核燃料提煉出可再生的鈾與鈽以後,剩下的純高階核廢料用滾筒式加熱法把廢料加到高溫,其目的是驅除水蒸氣與分解出廢物中的氮化物與硝酸根,過程中加入碎玻璃,用高溫最後製成玻璃產物,使高階純核廢料

玻璃化，在以後的長遠時間裏，玻璃性質之物質不易溶解，大幅減低其游離性而令存在其中的高輻射廢料不再移動。

因為這些廢料的來源是從核廢料提煉出鈈與鈾之後的剩餘品，都是純高階核廢料，而前期提煉的手段是用硝酸為主要溶劑來分離鈈與鈾元素，使得剩餘品多以硝酸鹽形式存在，用高溫法驅出氮化物與硝酸鹽的硝酸根成分，是為了使玻璃化成品能增加更高的化學穩定性。

2. 晶體陶質磷酸鹽固化法

上節所敘述的玻璃化所用主要玻璃材質來自矽硼化合物，近年來學界在這個議題上做了更多的研發，考慮用其他不同的材料做為固化的主要材質，以磷酸鹽為本位的晶體陶質固化法被大規模研究，其目的是要針對，純核廢料中輻射強度高的錒系元素，需要有更強的耐腐蝕性的材質，用來做固化材料，而且這類材質在遠久時間裡對不同的酸鹼值、化學變化、溫度變化、密度變化都呈現更佳的穩定性，有助於限制高階核廢料之移動。

3. 離子分離水泥固化法

一些中階核廢料適用於離子分離法，其主要目的是減少體積，做法是用氫氧化鐵的濾網，用化學方法收集了在混合液內的放射性金屬，剩下放射性較低的泥渣，與水泥混合形成固體，方便處理，也容易保持在長期裡不易洩逸。

4. 合成岩料固化法

值得一提的是一位在澳洲國立大學的教授 Ted Ringwood，發明了合成岩質材料用來固化核廢料，而且已經用於處理核廢料提煉的過程所產生的高階廢料，這個合成的材質主要來自天然礦物，含有燒綠石（pyrochlore），與隱三聚氰胺（Cryptomelane）之類的礦石，做成合成材質的成品中，以主要成分的立方鋯石（Zirconolite，$CaZrTi_2O_7$），與鈣鈦礦（Perovskites，$CaTiO_3$），來用做固化錒系元素高階核廢料的主要材質。針對鍶與鋇的核分裂物也用鈣鈦礦（Perovskites），來當固化材料，對銫元素的核分裂物就用鈣鐵礦（Hollandite，$BaAl_2Ti_6O_{16}$），做為固化

材料。

二、工程設計考量

輻射劑量高的核廢料會釋出高熱量，而且有的半衰期長達萬年之久，所以在工程設計上必須要有熱傳導的考量，這些考量的主要目的是避免在地底深處產生溫度超標的情況，而導致工程材料因溫度變化引起了材料的破壞，減低了使用壽命。

由於熱源是置於地底深處，從機械工程之熱傳導的角色來檢視這個技術問題，它屬於固態的導體直接傳熱的機能（conduction heat transfer），而固態熱傳導的物理機制與熱傳遞媒介的熱容量（heat capacity）與熱傳導係數（heat transfer coefficient），這兩項參數有直接的關係，所以一則地底深層岩石與土質的這兩項物理特性，須有明確的掌握。再者從熱傳導的分析上，要準確的認定在不同的核廢料安置的幾何設計下，有長時間性穩定的溫度分布，對於材料壽命的負擔不會超標。

地底安置核廢料工程的設計，往往都經過了業界與學界的研究與分析，能在各種情況下，它們的溫度分布能夠通過考驗，才可准以施工。

三、地點考量

地點考量包括地理要求與地質要求兩大議題，都是地底掩埋地點選擇必須先完成的審查程序，各涉及了繁瑣與嚴謹的工作，分別於下面的章節做進一步的說明。

(一) 地理要求

　　表 5.1 顯示了地底核廢料處理場，在地理上所要求上的各種考量。根據這些考量，負責建設的構關或國家執行的單位，必須對所選擇的地點，從事分析針對這一切考量的工作。這些工作多屬人文性質，需在選址前期做資料收集與分析工作，以確認選擇地點做地底核廢料最終置放場地的可行性。

表5.1　地理位置考量

考量議題	考量主旨
人口密度與分布	考慮個人輻射劑量需要限定，避免鄰近人口稠密地區，遠離人口密度地區，高於每平方英里超過一千人 政府在當地無法執行緊急疏散或迴避方案之地區
土地擁有權與控管權	核廢料控管當局有土地擁有權與控管權
氣候	當地的極端氣候不會引發輻射外洩事件
周邊其他設施	沒有其他設施會導致輻射超標情況
環境保護	環境的品質需受到保障，變遷或破壞可以即時矯正
社會經濟變化	社會經濟的變化所產生的影響，可以及時矯正，如水源缺乏與水質惡化之改善
運輸	運輸線之設計不會與地方產生衝突，可以依賴一般科技就可以建設，不需負擔超標的規格，不會造成環境之不好的影響
地表特質	開發時，使用一般科技產品就可以執行工作
岩石特質	厚度與面積適中，沒有地質上的危險性，開發時，使用一般科技產品就可以執行工作
水文條件	水流、水域與水文不會影響到處置場之建設 核廢料置放隔間之內壁與密封用材料不會受水文影響 使用一般科技產品就可以執行水文土程之建設
地震	使用一般科技產品就可以執行針對地質板塊活動所需的鞏固建設

(二) 地質要求

表 5.2 顯示了地底核廢料處理場，在地質上所要求上的各種考量，這些考量針對著高階核廢料在各種地底的情況，根據地質與水文的地區性質，在長期後滲至地面的可能性與輻射的劑量，做科學分析，以確保輻射滲出劑量經過長遠的時間仍不會超過安全標準。根據這些考量，負責的單位必須對所選擇的地點，從事分析針對這一切考量的工作，這類工作多被國家實驗單位、學校或商業機構承擔。

表5.2 地質考量

考量議題	考量主旨
地質水文	地底水文對置於地底核廢料之隔離圍阻功能沒有影響
地質化學	地質化學對置於地底核廢料之隔離圍阻功能沒有影響
岩層特質	岩層的特性可以承受來自不同情況的應力，如熱應力、化學應力、機械應力與輻射應力
氣候變遷	氣候變化不會導致輻射外洩而使劑量超標
侵蝕	地質的侵蝕不會造成輻射外洩劑量超標
溶解	地層物質的溶解不會造成輻射外洩劑量超標
地震	任何板塊活動不會造成輻射外洩劑量超標
人為因素	防範任何人為因素造成輻射外洩劑量超標
探礦	任何探礦或採礦不會造成輻射外洩劑量超標
土地擁有權與控管權	核廢料控管當局有地表與地底的土地擁有權與控管權

5.3　積極消除核廢料之核反應爐

處理高階核廢料有兩個方法：除了如上前面所述的方式，存置地底深層之外，就是把它們完全消滅。但是消滅它們有一個前提，就是國家必須

採取了一個提煉的能源政策，就是要從用過一次的核燃料中，提煉出可以再使用的核燃料，也藉此把純核廢料分離出來，再放回快中子核反應爐，當燃料使用，一則達到焚化的目的；再者，可以產生能源，增加發電量。

消滅高階純核廢料的基本原理是，利用這些高階核廢料元素的一個特性，他們都容易與快中子產生核子反應，而轉變成非輻射性或低輻射的元素，這樣的轉變有個專業名詞叫嬗變（Transmutation），這些高階輻射性的元素都屬亞錒系元素，也包括了它們所有的同位素，存在於用過一次的核燃料棒中。次錒系中所有的元素都稱之為 Minor Actinides，簡稱 MA。

這些錒系元素與快中子產生的核反應與核分裂反應有一點相似，他們都能夠產生能量。當然，這類核反應產生的能量遠不如核分裂反應產生的能量那樣多，但也不無小補，而且就是因為還會有能量產生，這個特點就被利用來設計一種可以發電的核廢料「焚化爐」。

這類核反應與核分裂反應也有大不同的地方，那就是，這類核反應不會再產生中子，就不會發生連鎖反應，所以對「臨界」的維繫並沒有幫助，因為它不會助長所需要的連鎖反應，而且被視為有反效果。也就是說，這類的核反應會「吃」掉快中子，因此被視為「毒藥」，在核反應器物理用的專有名詞，針對這種物理現象，把所有在核反應爐內傾向「吃」掉中子，而不「吐」出中子的元素，稱之為「毒藥（poison）」，高階核廢料被視為「毒藥」也是這個原因。

所以要完全消滅純核廢料所依賴或面臨的物理特性有二：1. 需要快中子，2. 高階核廢料對快中子而言是只會「吃」中子而不會「吐」中子的「毒藥」。面對這兩個特性，為了要具備消滅高階核廢料，一些快中子核反應爐的設計就因應而生，再配合一些國家有不同的能源政策，所設計的快中子核反應爐，就會有以「滋生」為主，「焚化」為次的快中子核反應爐，或者是「滋生」與「焚化」兩者功能角色對換的核反應爐。比爾蓋茲的「泰拉能源」公司所設計的「行波核反應爐」，屬於後者類型，是以能源永續為主旨的快中子核反應爐，除了這個重要的遠程目標以外，對產生的高階

核廢料也有在爐內消化的功能,達成「自己的廢料自己燒」的效果。

再複習一下「滋生」的意義,「滋生」是指滋生出鈽239,在發電時,核燃料產生連鎖反應的同時,中子與沒有核分裂功能的鈾238也同時產生了一系列其他的核反應,產生了鈽239這個新的核燃料,滋生這個名詞由此而來。快中子核反應爐可以設計成以「滋生」為其主旨的核反應爐,或設計成以「焚化」高階核廢料為主旨的核反應爐,設計的方法涉及所用的核燃料,可以有不同混合比例的高階核廢料,與鈽239或鈾235,來製成不同的核燃料棒,利用其不同的驅動功效來使用,另外設計的方法也可涉及利用緩衝劑與它在爐心的安排,來調整中子的能量分布,使快中子與慢中子的比例,會更能夠配合該型核反應爐所想要達到的目的。

一、快中子核反應爐

快中子核反應爐,在這個章節,所呈述的重點在消滅高階核廢料所涉及的議題,與所必須具備的特色。

(一) 滋生反應爐或焚化核廢反應爐

四十多年前開始發展快中子核反應爐時,其主要目的除了可以發電之外,另一重要原因是這型核反應爐的特徵是能夠滋生鈽239,做為下一代核電的燃料。那時候的想法是,有一天世界上出自天然礦產的鈾235如果用完後,仍然可以生產出鈽239,做為未來新一代的核燃料,所以在快中子核反應爐裡,一方面消耗核燃料的同時,利用快中子的特性與鈾238,發生滋生的一系列核反應,生產鈽239。所以在那個時代,快中子核反應爐的全名就是快中子滋生爐(Fast Breeder Reactor)。

但是四十年過去了,快中子滋生爐並沒有如預期地大肆發展普遍使用,造成這樣的情況有三大原因:

1. 近年發現大量鈾礦，於是鈾原料不再匱乏，滋生鈽239不再迫切需要。

2. 快中子核反應爐的發展遇到一些技術瓶頸：

   (1) 冷卻液用的是液態鈉金屬，在實驗型機組做實驗性運轉時，有液態鈉洩露，而使實驗中斷。

   (2) 快中子容易使建構材料減短使用壽命。

3. 在經濟效益上，若不從用過一次的核燃料中提煉出鈽239做快中子核反應爐的燃料時，不必投入大量資金，短期內不必面對經濟壓力。

   於是在近三十年內，大肆發展快中子核反應爐並未成為下一代核能技術發展的主流，用過一次的核燃料，於是就被視為最終核廢料，其中仍然存可以再使用的鈾與滋生在內的鈽，也一併視為最終核廢料，期待他日可以一併與其他核廢料，送入深層地底置放或密封。世界上的先進核電的大國採取這個策略的約占一半，但是也有另外一半的國家，並未採取這樣的消極做法，反而採取了積極的政策，就從用過的核燃料中，提煉出鈾與鈽當做再生核燃料使用，把純高階核廢料分離出，另外積極發展消滅高階純核廢料的技術，來完全消滅高階核廢料，同時還可以藉此發電。法國在核電發展與應用上是最積極的國家，它不但全國發電量有70%是來自核電，它們也已經從過一次的核燃料中提煉出鈾與鈽，製成了再生核燃料放入核電廠再使用。

   近十年，快中子核子反應爐又再度受到囑目，其原因有三：

1. 蘇俄的快中子核反應爐BN-600已經開始嶄露頭角，有了初步商業運轉的成績，新型的BN-800有著更高的發電量也已經建設完成，改進型的BN-1200也開始了它的研發與設計。

2. 世界上已有400多個核電機組，經歷了幾十年的運轉，累積了數量可觀的舊核燃料與核廢料，即使有的國家決定要完整地送入地底存置，仍有可觀的部分，由於地底容量不足或有其他國家決定要再提煉出再生核燃料繼續使用，就須經過快中子核反應爐，來消化所提煉出來的鈾與鈽，與消耗高階核廢料。此時，所需要的快中子核反應爐的機組數量，也將

會是一個可觀的數字。

3. 即使用過的核燃料採取了完全不提煉的政策，而整體送入深層地底，做永久的存置與密封，也會面臨「臨界」的安全問題。用過一次的核燃料棒內，仍有未用完的鈾 235 與滋生出來的鈽 239。兩者有極長的半衰期，避免在相當長久的時間裡這些核燃料元素不免有靠近的機會，靠近就形成了集中。為了防止他們形成能夠符合「臨界」條件之一的「集中」現象，這些核燃料元素就需要用玻璃化或陶質化的方式，使其材質與建構保持不變形達萬年之久，這樣的工作會加重了永存地底的先期工程。所以不如把核原料提煉使用，再用快中子核反應爐消滅高階核廢料，就可以減少地底永久存置的負擔。

順便再提一下，「臨界」成立的兩大條件之一是「集中」，另一個條件是「足量」，是核反應物理的一個重要概念。

從上述的討論可以看出，快中子核反應爐在近十年內，顯示了有其發展的必要，有幾個國家在近年推出新型的快中子核反應爐，在這舉一個例子來說明發展的新角度：熔鹽冷卻式的焚化爐，它的新型設計原意以發電為主，在此舉這個例子所要闡述的，是快中子核反應爐發展的一個新訴求，蘇俄設計了一個新型的款式，稱為 MOSART（Molten Salt Actinide Recycler Transmuter）。它是一個熔鹽冷卻式核反應爐，由於這個機組依賴快中子的運行，從消滅高階核廢料的角度來考量其主要功能，彰顯了快中子核反應爐有它新趨勢的重要因素。

附帶一提，滋生的原文是 breed，也可以翻譯成增殖，所以滋生核反應爐這個用詞與增殖核反應爐是相通的，稱為 breeder。

(二) 行波爐的特色是不留廢料

行波核反應爐有幾個特色，它可以做長期的運轉而不必換燃料，而且運轉後不留下核廢料，這樣的特色都是基於幾個原因：

1. 行波爐屬快中子核反應爐，快中子可以消除核廢料。

2. 有強大滋生的能力，核反應爐「臨界」的維繫是依賴鈽239不斷的滋生。

3. 核廢料的產生，有只會消耗中子卻不能生產中子，這會是對意圖維持中子數量，保存「臨界」能力的一項損耗。但是這個損耗性卻能夠被強力的滋生能力抵消，因為強大的滋生能力可以生產足夠的鈽239，做為行波爐的主要核燃料，而使連鎖反應得以持續，而維持了臨界狀態。

　　所以，行波核反應爐的特色，是它的核廢料雖然會不斷地產生，但也會繼而不斷地被消滅，有這樣的消長，行波核反應爐在整個運轉時段，仍然能夠保持「臨界」狀態，使連鎖反應繼續持續，對自身產生的高階核廢料，就呈現出能夠被自己消化的特色。

二、加速器驅動次臨界核反應爐

　　前面提到世界上已經有超過四百個核電機組，而且有許多機組已經運轉了幾十年，累積了不少核廢料，也解說了需要快中子核反應爐，才能夠有效地消滅這些核廢料，也說明了由於近年這個必要性又開始浮現，於是一些國家也開始了快中子核反應爐新設計的趨勢。

　　問題是，在所有分析過且設計出來的，商業運轉模式的快中子核反應爐，所具備的消滅純高階核廢料的能力，尚不能有足夠的容量能夠完全消耗世界上已經累積的，龐大數量的核廢料。現在快中子核反應爐的設計，有的仍然負有滋生鈽239的使命，所設計出來的快中子核反應爐就有不同的程度的「焚化」功能。焚化核廢料的快中子核反應爐的問世，就有不同的款式，有的反應爐可以用來焚化單單一個核電機組終生累積的核廢料，也有的款式可以增產到有能力消耗至四個核電機組終生累積的純高階核廢料。這樣程度的消耗核廢料能力或者產能，其實仍然不足以處理世界上已經產生的與將來產生的所有的核廢料。

　　從核反應器物理的角度來看這個問題，可以比較容易理解為什麼會有這樣的情況。闡明了這個問題的原理，也可以有助於瞭解加速器驅動次臨界核反應爐的原理，與它的發展之必要性。

　　前一段提到快中子核反應爐在焚化核廢料能力，會受到某種程度的限制，而產生這種限制的罪魁禍首其實就是「臨界」，其原因後續會做詳細的說明。

　　一個核反應爐能夠繼續運轉，必須要有保持連鎖反應的能力，或者能夠一直維護「臨界」的條件。在核反應爐裡有足夠的核燃料就可以滿足這個條件，產生足夠的中子維繫著連鎖反應，而產生的快中子也與高階核廢料產生另類核反應，使核廢料被轉變成非核廢料的元素，使核廢料消失。但是快中子也再繼續與核原料發生連鎖反應，又繼續產生高階核廢料，這樣的循環現象不止是雞生蛋蛋再生雞的輪迴，而且還有一刀兩刃的效果，即快中子是消除核廢料的利器，又是生產核廢料的禍首。也是基於這個原因，一個快中子核反應爐，此時再置入外來高階核廢料，把核反應爐當成「焚化爐」來消滅外來的、更多的核廢料，這樣的任務對於核反應爐而言，是一項額外的負擔，自然就會有消耗核廢料能力的上限。常見的快中子核反應爐中，所顯示的功能，最多也只能負擔消耗 4 個現代核電機組所產生的核廢料。

　　前面敘述了維繫中子數量有一刀兩刃的效應，也敘述了快中子核反應爐「焚化」高階核廢料的能力，會有其上限，這兩者都是因為核反應爐要維繫「臨界」的條件，而「惹的禍」。於是，近幾年業界針對這個「瓶頸」發展出「加速器驅動次臨界核反應爐（Accelerator Driven Subcritical Reactor，簡稱 ADS）」。這種核反應爐的主要目的就是要除掉「臨界」這個「禍首」，於是「次臨界」核反應爐就因應而生。

　　次臨界核反應爐主要以快中子運行其中，做為核反應的媒介，主要的功能是專職用於焚化高階核廢料，同時還可以發電。次臨界的物理意義是，它內部使用的核燃料，數量不足，若要保持「臨界」狀態是不夠的，

或者已經置放了很多的核燃料能夠產生足量中子，原本可以自給自足達到「臨界」，但是因為刻意加入了多量的高階核廢料，對「臨界」的條件而言，這些高階核廢料被視為「毒藥」，會吃掉中子而不會再生中子，使得整體中子量的再生能力不夠，無法保持連鎖反應，而呈「次臨界」狀態。當然，這樣的狀態也是刻意的設計，設計的目的就是要使這個的核反應爐一直處於「次臨界」狀態，要反制「臨界」與消除「臨界」帶來的限制。

次臨界核反應爐常以鈽239為主要燃料，加上其他的鈽同位素如鈽238，鈽240，鈽241，與鈽242等，再加入數量可觀的高階核廢料，如錼（Neptunium）、鋂（Americium）、鋦（Curium）等元素的諸多同位素。這樣的成分所依據的原理是由鈽元素的核分裂反應產生快中子，而產生的快中子與準備被焚化的許多高階核廢料同位素，產生核反應而焚化了這些核廢料。這樣的燃料組合對消滅核廢料具有強大的效果，遠遠超過傳統的「臨界」式的快中子核反應爐在消滅核廢料方面的效率。

舉個例子來比較一下各種情況或各式機型它們消滅核廢料的效率，前面提到一個標準的「臨界」式的快中子核反應爐，它的焚化高階核廢料的能力是1對4，意味著這樣的機組可以持續同步消化4個現在正在發電中核電廠所產生出的高階核廢料。而這裡描述的「次臨界」核反應爐，如果把高階核廢料放在核原料內，把它的成分提高到30%，即70%是鈽元素，它焚化高階核廢料的效率可達1對6。如果核燃料內兩者的成分提高到對半，即50%與50%，則效率可達1對18。可見得「次臨界」核反應爐對焚化純高階核廢料的能力，遠遠超過「臨界」式的的快中子核反應爐。

表5.3顯示了次臨界核反應爐所用的核燃料，其成分內，高階核廢料與鈽同位素的比例，可以造成在焚化核廢料的能力上呈現出很大的差異。這個表是摘自一個發表的論文，它代表著一個在這方面的研究，雖然不一定能反映出實際上已經執行成功的設計，但是這個研究的結論能夠充分反映出次臨界核反應爐，在焚化高階核廢料有強大的功能。而且燃料中，核

廢料與鈈的成分上之比例，會造成差異很大的焚化功效。

表5.3　高階核廢料與鈈不同的比例的燃料對焚化核廢料有不同之效果

高階核廢料與鈈之比例	可同步消耗現代核電廠高階核廢料之機組數
1.1/8.9	1.6
2/8	3.5
3/7	6.0
4/6	9.0
5/5	18
6/4	24
7/3	47

　　圖 5.2 是一個例子，顯示出幾個高階核廢料同位素在遇到快中子時也能有核分裂的反應，雖然不一定能夠產生出多數中子，但是也是能夠產生核能而有助於助長這類機型做發電之用。用圖中一個曲線為例，代表著鈈

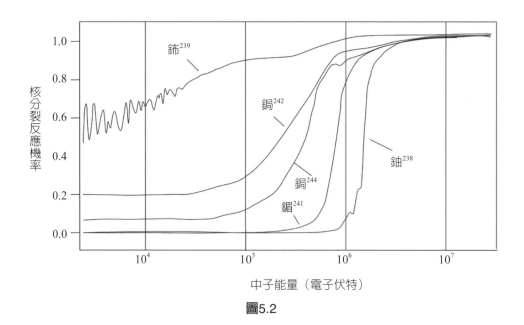

圖5.2

241（Am241），遇到不同能量的中子時，所產生核分裂反應的機率，或者稱爲反應截面積。鋂241元素遇到能量達10^6eV，即有一百萬電子伏特的中子，也就是快中子，它的核分裂機率上升到0.8。這意味著核分裂發生的機率很大，也表示快中子的存在，可以促使鋂241這樣的核廢料發生核反應而消失。

　　次臨界核反應爐內的中子必須由外界供應，因爲自己內部不具備臨界條件，爐心自己無法維繫連鎖反應，核反應內部各處的中子流量，必須得先由外界引入中子源做爲種子。這些種子中子，竄入爐心內各核燃料棒內，與其中的鈽元素發生核分裂反應，就產生了第二代中子，繼而衝入其他核燃料棒，與其中的鈽再產生核分裂反應，瞬間反應爐每一角落就都充滿快速飛揚的中子。但是由於鈽的總量不夠，所以無法生產出足夠的中子，加上在旁的高階核廢料吸食了中子，使中子產生的總量更顯得不足，無法自己維持連鎖反應，「臨界」狀態也就無法達成。一旦外界引入的中子源中斷，在爐心每個角落進行的核反應就會瞬間停止。所以「次臨界」核反應爐是要靠外界引入中子源，來驅動爐內每個角落發生的核分裂反應與其他的核反應。

　　由外界引入中子源的做法，是從外界建造一個加速器，把質子加速到極高的能量，約十億電子伏特（1GeV），導入這個核反應爐的中心，讓高能質子撞擊到放置在爐心的撞靶，而產生數量可觀的中子，中子彈竄進入爐心，成爲核反應爐的中子源，這些中子繼而與鈽產生核分裂反應，又生出下一代的中子。

　　圖5.3顯示出高能質子由加速器送入次臨界核反應爐時，每粒質子撞擊了箭靶後所產生中子的數量，這個中子產生的數量是質子能量的函數。從圖中可以看到，當質子能量是十億電子伏特時（1GeV），每個質子所產生出的中子數大約是27左右。當然，如果質子能量加速到達到15億電子伏特時（1.5GeV），每個質子可以產生30個中子。但是質子能量與加速器的成本有直接關係，所以在最近計劃的一些實驗型的「加速

器驅動次臨界核子反應爐，所設計的加速器只設計在 6 億電子伏特左右
（600MeV）。

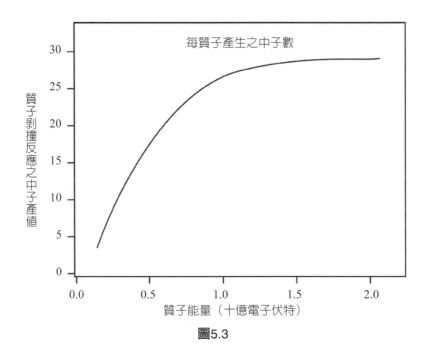

每質子產生之中子數

質子剝撞反應之中子產值

質子能量（十億電子伏特）

圖5.3

　　表 5.4 也列出可以適用撞擊靶的元素，這些元素被高能質撞擊都可以
產生出類似數量的中子，這些元素包括液態鉛鉍共熔晶體，LBE 即 Lead
Bismuth eutectic，鉛、鈦、錔、鈾、鉻或鎢等。因爲這樣的機型也屬快中
子核反應爐，呈現較高的能量密度，它的運轉呈高溫狀態，可以選擇的冷
卻劑包括了液態鉛鉍共熔晶體 LBE，液態鈉、液態鉛或氦氣。液態鉛鉍
共熔晶體 LBE 適用於質子撞擊靶的材料又可以當成熔鹽冷卻劑。這樣的
巧合，常被近年幾個國家在初步研發與設計實驗型的機組時，採用爲第一
優先考慮的材質。

表5.4 加速器驅動次臨界核反應爐參數

5個重點參數	
1. 加速器能量	600 Mev 或1 GeV
2. 質子傳出量	1 mA或 10 mA
3. 反應爐功率	60MW或 100 MW
4. 撞擊靶元素	LBE、Pb、Ti、Np、U、Am或 W等
5. 冷卻劑	LBE、Na、 Pb、He等 （Eutectic即為熔融共晶物）

　　近十年來世界上有許多國家，在加速器驅動次臨界核反應爐這個議題上做了研究發展與初步實驗與設計的工作。這些國家包括瑞士、瑞典、捷克、德國、比利時、西班牙、俄國、中國、白俄、法國、日本、印度、義大利、韓國與美國。其中比較積極的國家有日本、中國、法國與比利時，這幾個國家已經展開了建設頗有規模的實驗型次臨界核反應爐。圖 5.4 顯

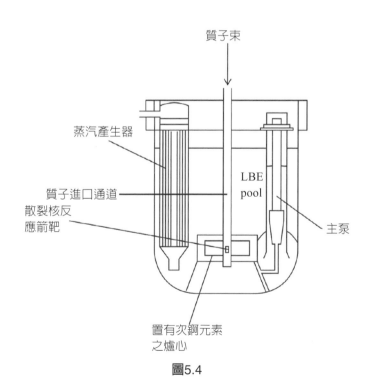

質子束

蒸汽產生器

質子進口通道

散裂核反
應箭靶

LBE
pool

主泵

置有次鋼元素
之爐心

圖5.4

示了日本初步的機型，也公布一連串的加大型機組與增強安全考量的雙管加速器設計。

　　法國、比利時與歐盟正聯手建造一個頗具規模的原始型機組，並有整套的加速器，加速器的長度約 300 公尺，第一期工程預定在 2027 完工，屆時能送出能量達一億電子伏特（100MeV）的質子。第二期工程的目標是要能夠傳送質子達到所設計的最高能量，第二工程預定在 2033 年完成，屆時，質子能量可達 6 億電子伏特（600MeV）。

三、熔鹽冷卻式快中子核反應爐

　　這裡要介紹的核反應爐由於它可以以快中子當做運轉媒介，因此可以成為消耗核廢料的一項選項。由於近年處理核廢料這個議題引起廣泛的注意，許多下一代發電式核電廠也開始積極納入熔鹽冷卻式快中子核反應爐的設計，向商業化的方向邁進。

　　這類核反應爐所用的冷卻劑是液態熔鹽（molten salt）。這裡所指的鹽是廣義的鹽，即在化學定義上的鹽，是非酸、非鹼的物質，卻常常是由酸鹼中和而形成的物質。鹽的常態是固體，在高溫時變成液體，因為有較佳的導熱性，這樣的流體可以用來做核反應爐的冷卻劑。

　　這類型的核反應爐早在 1960 年左右開始，就被美國在田納西州的橡樹嶺國家實驗室開始研發，成功地做出了實驗模型。那時用的熔鹽是兩種鹽，各自在高溫下，熔化成液體後融合在一起，合成為一體的流體，當做冷卻劑。這兩種熔鹽融合在一起的狀態稱為共晶熔融（eutectic）。在這裡特別做一個重要的解說，有關「共晶熔融」eutectic 這個字的意義，它是指用鈾 235 或鈽 239，或甚至其他核燃料形成「核分裂」核子反應時，使用多種熔鹽為冷卻劑時，多數熔鹽的混合狀況，其意義是完全不同於「核融合」的核子反應的用字「融合」，核融合反應是指 Nuclear fusion，是核子反應，而熔鹽的融合是 molten salt 的熔融（eutectic）狀態，一種化學狀態。

在當年橡樹嶺國家實驗室的實驗模型中使用的熔鹽冷劑有一個特別的名字叫「Flibe」。這個名字的原因的根據是簡化的化學名，它是由兩種熔鹽混合在一起形成的，一是氟化鋰（LiF），另一是氟化鈹（BeF_2），所以混合體的學名是 $LiF-BeF_2$，學界替它取了一個俗名叫 Flibe。在高溫時它由固體熔成液體，熔點溫度是攝氏 455 度左右，高溫液體可做成冷卻劑傳送入核反應爐後，爐心的熱能可以傳給冷卻劑，使冷卻劑的溫度可升到攝氏 700 度以上。

一般核子反應爐內燃料棒的形狀是細長的金屬管，長可達 3 至 4 公尺，而直徑只有 1 公分左右，管內填入核燃料，管內由核分裂反應產生高熱時，冷卻劑在管外流過，使核燃料棒不會過熱，冷卻劑也帶走了熱能，送到一個熱交換機，產生水蒸氣去推動渦輪牽動發電機來發電。但是用這個熔鹽當冷卻劑時，鈾原料與釷原料也可以用鹽的化學形態一起熔融到熔鹽體內，而不再以固體的形態放置在長管內，而是形成了一個燃料與冷卻劑的共晶熔融體，變成了同一個液體，流入核反應爐的爐心，在爐心有核分裂的核子反應產生，產生了熱量，使整體的流體流向熱交換機或蒸氣產生器，被冷卻後，燃燒冷卻劑混合體再被送回爐心，周而復始地循環運轉。

在早年的實驗型的機組已經成功的驗證這種設計，橡樹嶺國家實驗室的實驗模型中，使用的核燃料與冷卻劑的混合液體是 $LiF-BeF_2-ZrF_4-UF_4$，它的成分了包括 Flibe 是冷卻劑的部分之外，另外成分有氟化鈾 UF_4，屬於核燃料成分。這高溫混合流體流進爐心，也用石墨當緩衝劑，在此發生了核分裂分應，產生了大量熱量於共同流體中，再流出爐心奔於熱交換器，這個熱流的循環稱為內層熱循環。

核燃料與冷卻劑組合的共同流體，藉著內層循環，在熱交換器把熱量傳給外層的流體媒介，外層流體媒介當年所使用的是另一熔鹽的組合，它

的成分是 2LiF-BeF$_2$，即 Flibe。外層熱循環再把外層循環內的冷卻媒介送到第二座熱交換器，把熱傳出。

由於這種核燃料與冷卻劑組合的方式，是把核燃料以鹽的化學形式，直接融於燃料與冷卻劑的化學鹽的一個液體組合，這樣的方式可以省略製造管狀核燃料棒的過程，既省錢，又省事，更省時。最重要的另外一個特色是，燃料配方有更大的自由度。也就是說，鈾、鈽，甚至釷為燃料時，可以各自以鹽的化學成分做成不同比例的配方，而達到有特殊功能性的核子反應爐，而且又可迅速地達成不同的目的。譬如，使用不同燃料組合，再配合適當的緩衝劑，可以設計出爐心內，形成中子能量不同的分布。而決定這個核子反應爐的宗旨，是除了發電之外可以滋生鈽，或是除了發電之外可以成為「焚化」高階核廢料的「焚化爐」，這都與鈾、鈽或釷的比例有關。

根據這種液態混合體所設計的核反應爐有許多優點，在商業上的優勢因為已經顯出，近幾年已經有許多商業團體注重它的發展。圖 5.5 是蘇俄

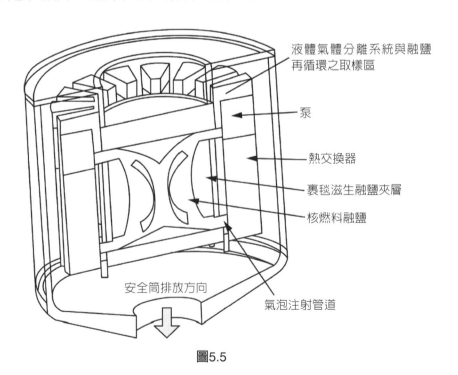

液體氣體分離系統與融鹽
再循環之取樣區

泵

熱交換器

裹毯滋生融鹽夾層

核燃料融鹽

安全筒排放方向

氣泡注射管道

圖5.5

發展中的熔鹽式核子反應爐，是商業發電的規格。用的燃料是可以特別製造的超鈾、超鈽或兩者混合的氟化物，或者氟化的錒系元素，都視爲高階核廢料。因此這種核反應爐的設計，有「焚化爐」的功能，因爲它可以消耗核廢料又可發電，這種機型其設計的發電量約 800MWe 左右。它的爐心大約有 3.6 公尺的高度與 3.4 公尺的直徑，用了厚度 0.2 公尺的石墨反射牆，核燃料與成分爲 LiF-BeF$_2$ 的冷卻劑混合，變成一個液態組合體。

另外有一類似的機型，但是其設計的目的是，除了發電，還得以滋生爲主要目標，所用的核燃料是氟化釷，釷 232 在爐心內被消耗後，可以滋生成鈾 233，故得名爲滋生型，滋生出的鈾 233 也是與鈾 235 有一樣核分裂功能，所以也可視爲一種核燃料。但是這類燃料尚未沒廣泛使用，所以這個議題在此並未做深度的討論。因爲需要維持滋生的功能，爐心加強快中子增殖的特色就有其必要性，快中子滋生爐的體積住往不需過大，這個機型的爐心的大小，其高度約 2.25 公尺，直徑也是 2.25 公尺，總發電量約 1000MWe。

熔鹽冷卻體與核燃料熔融成共晶的機型有幾個優點：

1. 壓水式或沸水式機型流失冷卻水的事故，在這裡幾乎不存在，因爲若一旦流失了共同熔液，冷卻液與燃料成分都會流失，原來擔心失去冷卻液，會造成需要被冷卻的核燃料形成高溫狀態而導致的核事故不再存在。

2. 類似福島核事災的事故不再存在，那類核災發生的原因是，冷卻水不夠無法降溫，在高溫情況下，水蒸氣與核燃料棒的管殼金屬，發生化學反應，產生了大量氫氣，造成了氫氣爆炸。這一切的情況，都不會發生在採用熔融共晶液爐心的機型裡。

3. 液態燃料容易輸出，運轉一段時間後，送入就近的高階核廢料分離廠，把高階核廢料又可以再注回液態的核燃料冷卻液的共同體，送入爐心繼續核反應，既可發電又可「焚化」高階核廢料。

4. 低階核廢料也可容易又可以即時的分離出去，這個措施的必要性是，有

的低階核廢料有吸收中子的特性，它們的存在會影響「臨界」的能力。

5. 核燃料在爐心運轉後，產生的超鈾與超鈽的元素（即原子數大於 92 的元素與其同位素），都可一併留在爐心繼續產生核反應，省去再提煉等繁鎖、費時、成本高的步驟。

6. 上列三點優勢都是因為此類機型的爐心可以不費周章的設計出各種中子能量的分布型態，容易建成「滋生」型或「焚化」型的機型。

7. 熔鹽可耐高溫，這類機型的操作溫度很高，使得電廠有熱效率的運作。

8. 在實際電廠運行操作上，常常會針對用電量需求的改變，而電廠自身會有面對快速升載或降載的要求，液態核燃料與冷卻液形成一體的核反應爐機型，比壓水式或沸水式機組，容易做自身的升載與降載，因為少了許多核燃料棒安全上的限制與時間等待的限制。有許多核反應爐在運轉後，會自身產生氙氣（Xenon），它會吸收中子，嚴重影響到「臨界」的形成，而需費時等待其被消耗或消失後，再繼續運轉。所以氙氣所造成運轉上的不便就不會發生。

9. 此類爐心有一特色，它有高密度的能量產生。與其他機型相比，它單位體積的能量高出很多，曾一度被考慮使用在飛行動力上。在 1954 年，在現址是愛達荷國家實驗室與 1957 年在橡樹嶺國實驗室，都成功的完成了初步實驗，這也使得這類機型仍然是他日核能動力飛行機艇選項之一。

當然這類機型也有一些缺點或技術瓶頸需要克服，說明如下：

1. 整個液體組合有輻射性，它流動於內的組件有熱交換器與馬達，這組件的內壁與流液有直接接觸而呈輻射性，這是會是一個機器保養的議題。

2. 快中子是其爐心主要在核反應的主要媒介，而快中子容易產生結構上的輻射損傷，因而減低了結構材料的壽命。

3. 這類熔鹽在高溫下對材料有腐蝕性。

4. 爐心的安排可以容納許多不同功能的設計，也很容易設計出來迅速產生核子武器原料的裝置，這會成為防止核子擴散的一項憂慮。

近年因爲針對市場趨勢，小型模組化的核能電廠因爲能夠大幅縮減建廠時間，而贏得世界各國核電發展之青睞，許多新興公司因應而生，採用熔鹽式核反應爐，用於小型模組化之核能電廠，也開始進行了商業運轉的設計，上列所敘述的技術瓶頸被冀望能夠一一解決。

四、輕水式快中子核反應爐

用輕水做冷卻劑與快中子的存在是相衝突的，幾乎現在在世界上所有核能發電廠都是輕水式，用水做冷卻劑，也用水做爲緩衝劑，目的就是把核分裂反應產生的快中子，因爲與水分子發生碰撞而迅速減速而變成慢中子，這一代世界上廣泛使用的核反應爐是依靠慢中子的運作，綿綿不斷產生熱量，用來發電。

此時如果在核燃料中摻入了鈽元素，就會使用快中源增加，而使得核子反應爐內快中子的比例提高，因爲原來核反應爐內的水分子數量仍然不足以把過多的快中子全部及時使之減速而形成慢中子，因此整個爐心的中子能量分布會呈現有多數快中子。

多一點快中子的呈現對於消除核廢料是好消息，因爲快中子可以消耗核廢料。雖然在輕水式核反應爐中，快中子數量在能量分布上不是主要成分，但仍然對消耗核廢料有明顯的績效。所以法國近年發展出的混合燃料（MOX），放回在輕水式核反應爐中，當再生能源使用，除了它能產生能源又兼有消耗核廢料之功能，於是這個燃料設計，或者這樣的核燃料循環策略，引起世界矚目。這種混合燃料除了在法國境內，已經開始有了廣泛使用的準備，在國際市場上也開始受到歡迎，美國有一核能電廠也準備試用此型核燃料，開始了準備工作，也申請了使用執照，準備做一連串的爐心之變更，以符合運轉安全標準。

也是因爲這類設計的消耗核廢料之功能，它與其他下一代的快中子核

反應爐的主流機型,同時在核燃料循環的績效上,在同一前提與相同的指標下,作了一致性的比較,這一切討論都在前面核燃料循環議題討論的章節敘述。

5.4　核廢料處理的立法基礎與政治難題

美國國會在 1982 頒布了核廢料政策(Nuclear Waste Policy Act),這是一項新法案,在法律上是一項新機制,意思是美國政府從此正式立法又立案,會對全國核能發電產生出來的核廢料之最後處置負起全面責任。

這項法案包括了如何處置核廢料的執行步驟,指派美國能源部一系列的工作並批准預算,做為完成這個任務所需要的經費。執行的任務包括了在各地覓址,尋找適當的地點做為他日處置核廢料的地底深層的掩埋場或儲存地,進行各種所需要的規劃、測試與興建的工作。

一、猶卡山地底處置場的故事

初步規劃時,能源部花了近五年時間,找出九個有可行性的地點,進行了上述地點考核的工作,最後國會決議,選擇了內華達州的猶卡山(Yucca Mountain),做為最終處置高階核廢料的地下掩埋場,也花了大量資金,為時近二十年的時間,建設了地底深層的場地。

建設一個地下存放高階輻射核廢料的場地,又需有巨大的容量來接收美國數十年來,為數可觀的核能電廠所產生出來的核廢料,是一項龐大的工程。又因為這是一項核能設施,從安全的角度來看,必須經過美國核能管制委員會(Nuclear Regulatory Commission,NRC),來審查它的的安全性,通過審查後才得以發出運行執照,才可以使用。這一切的審查工作

也需耗費不少時間與人力，這一切的進行都發生在 1990 年代與 2000 年代，前後約二十年。

　　然而，就在這一切工程進行之際，猶卡山之所在地，內華達州，提出強烈抗議，反對猶卡山被選做存置高階核廢料之地，也努力阻止美國核管會之審查工作。經過一段長時間又強烈的抗爭，與高可見度的政治對抗，2010 年美國總統歐巴馬終於下令，停止一切猶卡山正在進行的工作，迄今這個場址仍停留在一個巨大地下坑道的狀況，而無任何改變或進一步的建設。

二、美國地底處置場的展望

　　同時歐巴馬總統指派組織一個新的委員會，針對核廢料的處理，希望他們能夠提出建議或解方。這個委員會名為藍色彩帶委員會（Blue Ribbon Commission），意味著這是一個高品質、深內涵的智庫性委員會。參與者有有 15 位德高望重的政界與學者人士，目的是冀望他們能集思廣益，對於這些議題能夠做出實質性的建議，2013 年這個委員會提出了報告，結論中包括做了七項建議，其中的第一項與第二項，在這本書有不少的討論。

　　第一項是核廢料處置場的覓址與建設必須要有地方的同意與參與，第二項是政府必須要成立獨立機構，專司核燃廢料處置之職。第一項會在這個章節敘述，第二項在第一章與第八章有所說明。

　　核廢料處置場的覓址與建設必須要有地方的同意與參與，這個進行方向會扮演一個成功的重要因素，近五年來已有三個實例，印證了這個說法。第一個實例發生在美國的新墨西哥州一個小鎮，名卡斯白（Carlsbad），就在近幾年成功的完成地底核廢料的建設，並且開始接收從美國各地送來的因為軍事目的而產生的高階核廢料。這個報導的重點

是，這是一個成功的案例，有著順利的運作，它的命運完全不同於猶卡山處置場所經歷的，猶卡山即使有著國會在後支持，也無助於它的前途。這兩者有著完全不同的結果，都是因為卡斯白小鎮這個建設，有著地方人士的參與當地政府的同意與支持。

另外兩個成功案例，一個發生在挪威，另一個在瑞典，都是因為有著地方居民參與與政府的支持而順利完成建設，並準備於近期啟用。

美國能源部在近年公開頒布了這個政策，在核廢料處置場覓址與建設之際，必須先徵詢地區居民的同意與地方政府的參與。在 2021 年底能源部公開徵求各界意見，找尋最好的方法、策略與程序來執行以地方同意與參與的政策，來找到適當的地點做為處置高階核廢料的地底深處儲存場。

美國的地底處置核廢料的政策與擇址的過程，在近二十年經過了停止、擱置、檢討、改善與再出發的種種經歷，終於再度顯示出有向前邁進的跡象，能源部也開始積極部署各項工作，本著與先取得地方居民與政府同意的原則（consent based principle），開始尋覓處置核廢料的地點，也就是在近一、兩年，美國對核廢料處置這個議題又有了新的展望。

三、猶卡山的啟示

自從美國國會於 1982 頒布了核廢料法案，展示了強力的意向要積極處理全國商業性核廢料，可是事與願違。經歷了四十年，仍然未成其事。這到底是什麼原因造成這樣的後果，是值得來進行全面的思考，檢視根本緣由，才能了解到事出有因的的真諦，這些因素可以歸納成下列數項：

1. 即使一個成熟的民主制度仍然會有缺失，這種缺失的出現，也往往發生在人類歷史上遇到前所未有的情況下而產生的。這個缺失是指一個國家政策的制定，即使是代表全國民意的國會也忽視了地方的民意，而進行了有違地方民意的建設。人類歷史上也是首次遇到處理核廢料的難題，

處理核廢料這個議題也是在六十年前並沒有察覺到的，核能的發現與核電的發展也是近七十年所發生，對眾人而言也是一種新的經驗。這兩大因素：沒有顧及地方民意與核電是新型科學產物，在近二十年同時發生了，於是共同形成了猶卡山無解的局面。幸好，這發生的一切已被審視、檢討，又開始改進，所以美國能源部現在開始要尋覓處置核廢料地點的策略，在近年也做了更正，要採納以民意為主的新方法進行工作，因為世界許多國家正也面臨同樣難題，美國能源部的新作法，也對其他國家也樹立了新典範，各國對尋找處置核廢料地點，紛紛開始採用了以地方民意為基礎的政策。

2. 猶卡山工程的停止並非遇到工程上或技術性的瓶頸而不能夠繼續，而是基於美國成熟的民主制度中一個新的程序性的瑕疵，而遭到為時頗長的停頓，現在這瑕疵已經改進，核廢料地底處置之進行，冀望會繼續而有新的進展。

3. 猶卡山工程的停止有助於核燃料循環這個議題，發展出了一些新思考。三十年前美國與一些核電先進國家都認為核燃料循環並沒有迫切的需要，於這方面的工作漸漸趨向停頓，然而在大約二十年前開始，由於核廢料的累積與核武擴散的擔憂，學界又興起大規模的分析，使得核燃料循環這個話題再度引人矚目。近十年世界核廢料又興起再提煉的準備，呈現核燃料循環被採納的趨勢，而對地底核廢料處置場的主要特質作了改變，所改變的是原定地底核廢料處置的設計與建設原本以永久掩埋為主要宗旨，但是現在已經被認為，至少在目前，地底的存放是暫時性的。也就是說，即使已存放地底的核廢料，他日可以不受限制，仍有機會取出進行再提煉，成為核燃料循環的一部分。2018 年國會專案再度立法成一修正案，針對於 1982 年國會所立的核廢料法案，刻意更改已經立法的文字，把存置地底之核廢料，在法律上允許再度取出，而不受原來已經立法文字上的限制。這個立法修正案是 H.R.3053，立法的其中一項內容，僅僅加一字 retrievable，視核廢料仍有被取出之可能。意

味著，它日核燃料循環一旦開始，不會被冗長的立法程序耽擱。

5.5　世界各國進行的地底深層設施

　　這些設施與地底存放的設備，有的已經啓用，但是並非意味著它們的啓用是做永久性的掩埋，因爲核循料循環的週期會長達一百年之久，很多設施的使用仍然設定成暫時性的，以免完全杜絕核燃料循環的可能性。幾十年以來，許多國家已經從事建造深層地底安置核廢料之場地，但是在最終選擇的地點做大規模的投資與開始全面的建設之前，需要從事一系列準備的工作，確保最終處置場之地質、地理與人文的考量都已經完整地分析與處理完畢。這一切的工作都依賴事先所建設的地底研究實驗室，先進行了地質樣本分析、鑿石穿井採樣、地質特性鑑定、模擬實地情況等前期工作。許多國家的前期地底研究實驗室的地點也被定位成最後做爲最終核廢料處置的場地，但兩者並非完全相同。表 5.5 顯示了建設地底研究實驗室的國家，表 5.6 顯示了準備建設地底處置場的國家與進行的現況。

表5.5　各國的地底研究實驗室

國家	地點	深度	現況
比利時	莫爾（Mol）	233公尺	1982啓用
加拿大	屏那瓦（Pinawa）	420公尺	1990～2006
芬蘭	偶克勞托（Olkiluoto）	400公尺	建設中
法國	布爾（Bure）	500公尺	1999啓用
日本	幌延（Horonobe）	500公尺	建設中
日本	瑞浪（Mizunami）	1000公尺	建設中
韓國	大田（Daejeon）	80公尺	2006啓用
瑞典	歐式卡鄉（Oskarshamn）	450公尺	1995啓用

國家	地點	深度	現況
瑞士	格瑞姆瀶隘口（Grimes Pass）	450公尺	1984啓用
瑞士	特瑞山（Mont Terri）	300公尺	1996啓用
美國	亞卡山（Yucca Mountain）	50公尺	1997～2008

表5.6　各國深層地底核廢料安置場

國家	地點	廢料種類	深度	現況
阿根廷	割斯鎚（Gastre）			研討中
比利時		高階核廢	225公尺	研討中
加拿大	安大略省	用過核燃料		選址中
中國	北山		300～700公尺	研討中
芬蘭	偶克勞托（Olkiluoto）	低階與中階核廢料	60～100公尺	1992啓用
芬蘭	羅宜莎（Loviisa）	低階與中階核廢料	120公尺	1998啓用
芬蘭	偶克勞托（Olkiluoto）	用過核燃料	400公尺	己啓用
法國	高階核廢料		500公尺	選址中
德國	薩克森下游（Lower Saxony）		750公尺	1995關閉
德國	薩克森-安哈特（Saxony-Anhalt）	低階與中階核廢料	630公尺	1998關閉
德國	郭勒奔（Gorleben）	高階核廢料		提案擱置
德國	沙赫特康瑞德（Schacht Konrad）	低階與中階核廢料	800公尺	建設中
日本		玻璃化高階核廢料	深於300公尺	建設中
韓國	慶州（Gyeongju）	低階與高階核廢料	80公尺	建設中
瑞典	弗斯馬克（Forsmark）	低階與中階核廢料	50公尺	1988啓用
瑞典	弗斯馬克（Forsmark）	用過核燃料	450公尺	申請執照
瑞士		高階核廢料		選址中
英國		高階核廢料		商議中
美國	新墨西哥州（New Mexico）	超鈾元素	655公尺	1999啓用
美國	亞卡山（Yucca Mountain）	高階核廢料	200至300公尺	擱置中

5.6 鑽孔式超深地底掩埋法

　　前面所有討論的地底深層置存或掩埋核廢料的建設，都屬於大型地下設施，它們的入口的大小相當於一個公路穿過山頭的隧道，進入隧道後，往往是個大約可以容納一輛汽車行駛的通道，走下坡到地底深處，大約 500 公尺的深度，再從地底深處，朝不同方向，另外挖掘出許多與地面平行的坑道與空間，做為置放核廢料之用。

　　但是近五年以來，另一類地底深處用來處置或掩埋核廢料的方法，即鑽孔式超深地底掩埋法，被廣泛提出討論。這個方法採用了數十年鑽油井的技術，向地下垂直鑿出一個直徑約為 47 公分，而深度卻達 5000 公尺的深洞，用來掩埋核廢料。這個方法被一些國家做了積極的研發，頗有成績，受到歡迎。由於這個方法成本低，施工時間短，它在近年有極大的可能性被實現，這個議題的技術層面、歷史、現在的研發工作與未來展望在這裡提出詳細的敘述。

一、背景

　　鑽油井到地底深處已經有數十年的歷史，鑽孔到地下深處的技術已經發展了很久，鑽孔的技術已經相當成熟。在美國為了開採石油與天然氣，每年所鑽井的數目在 4 萬個左右，幾十年以來所有鑽井累積的總數已經超過一百萬了。所以鑽井這個工程本身也已經是一個成熟的工業，採納這個技術來鑽鑿深井，用來掩埋非核能的廢棄物與有害健康之廢物也有多年。這樣的設施所設立的安全標準是，這類廢棄物只要在一萬年以內不會向上浮出到地下飲用水的深度，就可以被接受。

　　近年，由於隧道型之地底掩埋場的建設，遇到政治阻力，費用高

昂，又需長時間完工，使得業界與學界紛紛開始研討利用鑽孔技術，用來鑽井掩埋核廢料。研發的方向就是採用向地下垂直鑿井的方式，挖出直徑大約 0.5 公尺，深度達 5000 公尺的深洞，再徐徐降落於中，成百的包裝成型之核廢料直筒，置放完畢後再執行掩埋工程，使之與地面隔絕，達到輻射永不傷害到人身健康的規格。有許多國家正在積極的進行這些研究發展，也要開始了實施的準備，這些國家包括了美國、中國、英國、德國、韓國、澳大利亞與斯羅維尼亞。

二、優點

　　這種鑽孔式超深地底掩埋法有許多優點，這些優點使得這個方法在近幾年開始令人囑目後，立刻受到廣大歡迎，紛紛開始了積極的研發與推動。這個掩埋法的優點列舉如下：

1. 由於鑿井深度達 5000 公尺，這類核廢料掩埋法極具安全性。
   (1) 因為與地面的距離遠，而具安全性。
   (2) 因涵蓋許多地層，具低度滲透性，而具安全性。
   (3) 因為所挖掘的地層很深，在地底因為高溫所形成的浮力，無法形成各類核種元素上傳的機制。
   (4) 能有效隔絕高輻射的次鋼系元素。
2. 極深地底處置大幅減少對生態環境之影響。
3. 在地震時，地層深處更具有地質穩定性。
4. 建設所需成本大幅降低，建設時間可以最快在三年完成，而隧道式地底掩埋場的建設所費時間大約為二十年。
5. 儲存之物取出不易，對防範核武擴張而言，更具防護功能。
6. 核廢料是存置在鑽孔最底的地層，技術性的要求是這個底層必須是晶體層（Crystalline basement），因為這類地質的滲透力很低，才適合置放

核廢料，而且往往需要在深度 2000 公尺以下這樣深度，才符合一切規格上的要求。而在世界各地都很容易找到符合這些規格的地點，因此選址並非困難，減少了覓址上的困難。

三、技術與規格

圖 5.6 顯示鑽孔式深層地底掩埋設施的全貌，是一個垂直至地底，直徑為 0.47 公尺，深度 5000 公尺的的鑿井，從井底最底端算起，高度在從地底 1000 公尺至 2000 公尺的段落，是置放核廢料的區段。圖 5.7 顯示封井的設計，核廢料置放於密封的直筒中，許多直筒層層重疊置於這個區段。這一段置放區的上面是封井用的材料，如膨潤土（Bentonite）、瀝青（Asphalt）與水泥（Concrete），再往上層的填充物是土地沉積的各種岩石。封井材質的選擇針對兩大考量：1. 材質的特性能夠隔絕輻射物質於地底深處，而無法上移至地面。2. 材質的特性更能承受輻射物質產生的熱能所造成的浮力，而有效的消除了浮力推動輻射物種上升的效果。

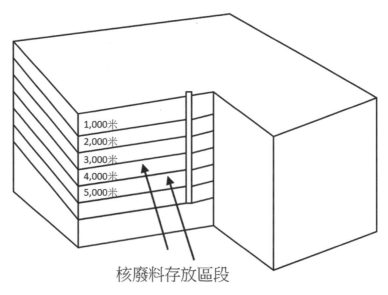

核廢料存放區段

圖5.6

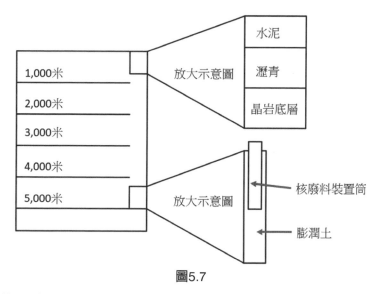

圖5.7

　　鑿井至地底最底層之後，也能夠再建設數個分岔與地面平行的坑
道，如圖 5.8 所示，這類的地底坑道技術，早已被石油與天然氣鑿井工業
採用多年。單在美國，這樣的鑽井就有 160000 個。這樣的設計若用於處
置核廢料可以提供兩大好處：1. 可以處置更多的核廢料。2. 有更好隔離輻
射物的效果，所以這類設計也被列為鑽井掩埋核廢料的一個選項。

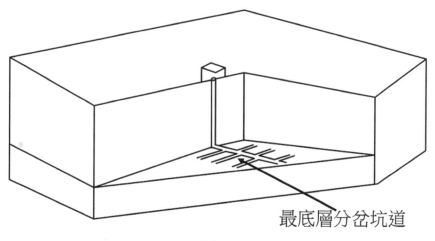

最底層分岔坑道

圖5.8

四、適合何類核廢料或哪些國家

舉個例子來描述，鑽孔式超深地底掩埋法比較適用於何類核廢料，也可透過這個描述來說明這個掩埋法，適用於哪一類型的核能國家。

一捆壓水式核反應爐的核燃料束，它的大小正好可以垂直納入一個鑽孔的井道，核燃料束的高度大約在 4.3 公尺左右，裝置於密封筒後，存置於地底有 2000 公尺高度的存放區段，可以上下重疊置放 400 多個核燃料束，用這個標準來估算，如果美國所有的核燃料束全部置入鑽孔式深井中，則需要大約 700 至 1000 個深井，這數字意味著在經濟上與地緣政治上並不具吸引力。況且，鑽孔深井存放方式，仍然對於日後取出燃料束的機能，仍然因為技術尚未完全成熟而不適用，因為針對未來核燃料循環的考量，以後仍然有可能須取出核廢料作提煉之用。因此，這類方式並非完全適合核能大國。

然而對一些非核能大國，擁有核能發電廠的數目不多，他們無意發展提煉核燃料技術，也無視用過一次核燃料內的有價資產。因此，採用鑽孔深井式掩埋法對他們而言，視為極具吸引力。

不論是核能大國或非核能大國，對一些處理過核燃料後，所剩餘的高階核廢料的最後處置，仍然視鑽孔深井掩埋法是最佳的選擇，例如在美國境內，有經過多年累積的銫（Cs）與鍶（Sr）的同位素，與其他處理過的高階核廢料，由於他們的體積不大，而呈高輻射性，都非常適用鑽孔深井式掩埋的處理方式。

五、還在等什麼

鑽孔深井掩埋法的好處很多，但是現在仍然有許多國家躊躇不前，沒有作全力以赴的打算。主要原因在於輻射安全的考量，仍然需要做進一步

的分析工作，也就是安全分析，以確保沒有輻射物洩漏而傳至地面，同時在安置核廢料的運作時，工作人員的健康也必須有保障。這也是石油與天然氣工業的鑿井與核能工業的應用上所有的基本差別，因爲兩類工業在安全的性質上有所不同，而會有不同的要求。這些不同之處也反映在規格的制定上。用鑽孔深井來作掩埋核廢料之用，所多出來的考量，都列在所要求之安全分析的各項工作裡，這些安全分析的項目在此做簡單的陳述。

(一) 核廢料物種安全分析

　　核廢料掩埋於地底深層的目的是要把他們與地面隔絕，這一項安全分析的主旨是考量一些元素會有不同的活性，會在因爲溫度升高時，所產生的浮力，把一些核種元素帶往上升，至於會上升到達什麼高度，是這項分析所追求的答案。溫度升高的原因是輻射會產生熱量，在固態熱傳導形式之下，所傳出熱量的速度如果不足及時散熱時，會導致溫度增高，溫度增高是導致這類可能危害的根源。

　　這項分析所做的一些假設也極爲保守，例如核廢料封存筒在置於地底後，假設會在短時間內損壞而無法防止核種外逸，筒內核廢料也假設全部即時外逸，而造成對環境最大的威脅，這些嚴厲的假設，是冀望看到5000公尺深的地層仍然有效的隔離核廢料的輻射。

　　做安全分析所需要的數據包括了地底深層所有地質的物理與化學特性，也包括了地底地層的壓力與各類地質資料，做分析之用，也須包括各種水文條件，以便探討對地下水的影響。

(二) 封井運作安全

　　地底處置核廢料的目的是爲了要把核廢料從地面隔離，一切設計之考量是在封井之後，是否能夠達到隔離的標準，或隔離輻射的效果。但是在封井之前，在場工作人員之安全，針對輻射之防範，也是重大考量，這也

是核能工業與油井或天然氣工業不同的地方。

　　封井前安全考量都在安全分析的範圍之內，考量的議題包括了：

1. 地面核廢料包裝過程。

2. 地面核廢料運送過程。

3. 許多核廢料封裝直筒——傳送地底之過程。

4. 防範封裝筒在地底運送過程中被卡住之問題。

5. 所有過程中若遇輻射外洩之人員防護措施。

(三) 鑽孔實地測試

　　先鑽一個 5 公里深的小型井孔，做為實驗型的示範井，對建設一個最後實質要使用的深井而言有重要意義，也是有必要的。這樣做有許多實用的目的，包括了：

1. 收集地下各地層的資料，有關地質物理性，地質化學性，與第一手之地下水流資料。

2. 方便於做各項必要之實驗。

3. 方便於設計各項運作程序。

4. 收集之地質資料可建立鑿井地點的全面特徵，也是安全分析所需的輸入數據。

(四) 地質考察之全面特徵

　　建立探索鑽孔深井地質之全面特徵是地質考察之主要目的，也是在真正鑽井工程之前必須完成的工作，建設一個實驗型示範井的目的，就是要收集各種地質樣本，與實施局部性與區域性的測試，來完成建立全面特徵的工作。

　　最終置放核廢料的區段深度在 3000 公尺與 5000 公尺之間，這區段地層之要求是，地質必須是晶體性地質。因此，從這區段摘取地質樣本，

對於隔絕輻射效果的測試有著決定性的影響。它的含鹽量、滲透性與壓縮性，都包括在地質功能評估的範圍內。土質的自封性的測試，也影響到工程上封井所用材料的選擇。這一切工作都意味著探索深井地質特徵是有必要的，也必須在鑽孔工程前就得完成的。

六、展望

國際核能總署 IAEA 在 2023 年 8 月，公布一項合作研究計畫，邀請各國專家集思廣義，向 IAEA 提供有關鑽孔式極深層掩埋核廢的執行方案，方案議題包括了：

1. 陳述建設概念、所需器材、運作程序、建設計畫、封井步驟。
2. 列出驗證現場地質特色所需採樣的數據，與採集數據所需要的工作。
3. 發展工程驗證所需的程序。
4. 包涵建立防護核武材料之機制。
5. 建立井孔完工後驗收的標準。
6. 進行運行風險評估與長期安全評估之工作。

國際核能總署所公布的這一個計畫，包含了有可遵循的執行步驟，是個可以直接用來做實質建設的操作說明書，這是個明顯的指標，意味著這類建設離開商業化的日子不遠。國際核能總署也闡明了，這項計畫是針對一些國家，在近年所表達出來的高度意願而啟動的，這些國家都希望能夠採用鑽孔式深層地底方式來掩埋核廢料。這些國家有：澳大利亞、克羅西亞、丹麥、挪威與斯羅維尼亞，這些國家的共同特點是它們都非核電大國，產生的核廢料的數量並非很多，比較適合這種方式處置核廢料。

6 章

核廢料國際聯盟

　　處理核廢料、執行核燃料循環與防範核武擴散，這三個議題互相糾結，很難只單獨針對其中之一，來尋找解方。他們各自在技術層面上並沒有瓶頸，但是學界與工業界在計畫這些議題的所去所從之際，都必須面對許多錯綜複雜與非技術性的考量。發生這樣情況的主要原因，是因為這些議題都具有高度的國際性，涉及了各國有不同的核能發展的國情，與不同的地區性的獨特經濟情況，也因為各國必須保護自身利益，又各自面對特殊的政治或軍事壓力，往往會發展出不一樣的國策，使得這三大議題在數十年裡仍然處在沒有明朗的方向，無法讓他們邁向有一致性與協調性的解決之道。許多學術研究性的分析也多半注重於技術層面的進展，雖然大家冀望有所突破而能夠帶來解決方法，但是學界上仍然侷限於技術層，而無法針對國際性的問題提出能達共識的方案。幸好，美國仍有一些智庫在近年在這方面依然不斷努力，尋求可行之道，在國際共識上也提高了研究的層次，又秉持著人人都成贏家的原則，在這三個糾纏複雜的議題上，最後終於研發出可行的方案，這個章節針對這些方案做了詳細的解說。

6.1　區域性核廢料國際聯盟

　　核廢料國際聯盟的這一個概念是由美國兩個智庫共同提出來，這兩個智庫分別是國際策略研究中心（Center for Strategic and International Studies）與處理核能威脅組織（Nuclear Threat Initiative）。這兩個智庫對於這三個糾結的議題發展出一個可以解決整體問題的方案，這個方案也是一個可以達成人人都是贏家的大型計畫，這個計畫就是「核廢料國際聯盟」。這是一個需要國際的參與才能奏效的方案，所涉及的許多方面的爭議都已經納入解方的考量。這一個國際聯盟採用多方面組織性與執行性的概念，也必須對所有參與國，建立起一個公平又賦予權利與義務的體制，也必須是一個能夠被大家接受的體制，在此做詳細的說明。

一、爲何需要聯盟機制處理核廢料與共享核燃料

　　世界上有很多國家已經發展了核能用來發電，也產生了不少核廢料，但也苦於沒有提煉的技術，同時也受到防範核武盟約牽制，而不能隨意發展提煉的技術，而且投資發展提煉技術的高成本，也令許多國家躊躇不前，於是國內產生的核廢料，或用過一次核燃料的最後之何去何從，變成一項無法解決的問題。更枉論如何把核廢料內的有價值之物資，轉換成可以利用的資源，使得用過一次的核燃料可以再度被認定它的價值，核廢料聯盟針對這個困境，提供了解決之道。

　　這些國家可以與一些有提煉技術的國家，一起以盟約方式結成一個有特殊目標有共同特點的聯盟，這聯盟的大前提是嚴格遵守防範核武擴散的紀律，也必須能夠使自己國家內的核廢料變成有價值的物資。這個參與盟約的國家可以把本國的核廢料，運到某一指定地方，這個地方可以是一個能夠能執行核廢料提煉的國家，也可以是存放用過一次核燃料的地方，所有聯盟參與國家以盟約方式，形成一個一切資源共享，成本共同負擔的一個國際合作社。這樣的安排，可讓每個會員國都能夠間接的利用到自己核廢料裡面的資源，他日若有需要，任何會員國都可以再使用到與自己本國內用過一次核燃料內有同等價值的資源，這樣的安排是一個打造新市場的概念，也包括了讓市場流通的機制。

二、核廢料會計學

　　用過一次的核燃料含有四大類物質：1. 大量的鈾，2. 與小部分滋生出來的鈽，3. 還有高放射性的次錒系元素，4. 還有與核分裂衍生物。這四大類元素的成分比例在前面有描述過。這些不同類元素面對市場流通的性質上有特別意義，也是這些物資之形成價值的基礎，有的視爲資產，也

有小部分被視為負擔或負債。還有一項很有趣的特色，那就是高放射性次鋼系元素，被列為可以是資產，是因為以目前的科技而言，它們可被放置於焚化型快中子核反應爐當成次等核燃料進行核反應，產生能源後自身會消失，或者他日會有可能被提燃出來，做為有用途的資源。譬如，鎇 241（Americium241）是其中一個元素，現在已被考慮他日可代替現有核能電池內的主要能源，這類電池目前使用的放射性元素是鈽 238，已經使用於在火星上游走多年的兩輛探測車上。這類元素其中還有其他有用的元素，被開發後可以當作日常用品或工業應用，為人類造福。這一切的發生會隨著日新月異的科技一一開發，它們的開發只會愈來愈多。而目前這類科學發展的進度，並沒有大幅度的進展，主要原因是它們被限制於前期所需的成本，與民眾對輻射的懼怕而產生排斥。但是，這樣的情況也會隨著時間而有所改變，因此這類元素被規範成可以是資產，它的意義是它日他們會成為資產，而且價值會隨日俱增。

　　這裡所要描述的是核廢料會計學的概念，這個概念用表 6.1 來表達。

表6.1

主要成分	成分比例	資產還是負債
鈾	95%	資產
鈽	1%	資產
高放射性次鋼系元素	0.1%	可以是資產
核分裂衍生物	4%	負債

　　世界上許多核能發電廠已經累積了不少核廢料或用過一次的核燃料，它們大部分仍然存在於廠內的水池中，他們沒有安全的顧慮。但是從核廢料會計學的角度來看，他們都需要執行一項重要的任務，那就是在此刻，這些核燃料棒需要建立起龐大的資料庫，每隻核燃料棒都需要登記下來他們的成分，以表 6.1 的方式來進行這樣的工作。但是真正的資料庫更

須詳細的記載各元素成分與成分的分布量，即每個元素在每隻核燃料棒的分布量，他們的分布量都可以根據在核反應爐內運轉的歷史而計算出來。運轉歷史包括了每隻核燃料棒所經歷的運轉發電量與在核反應爐內的位置，這些資料都棣屬於一個龐大的資產表，一個用在核廢料會計上必備的資產表。

　　現在建立這個資產表有其必要性，原因有二：1. 資產表所顯示的價值會隨時間增長，增長的因素包括了鈾、鈽這兩個元素在國際流通量之增加，更多元素的用途被開發而增加其價值等。一個國家也須制定遠程策略，一個正確的策略會對會計表所示的總值有正面的影響。2. 資產表內所列之資產，有賴核燃料循環之運行，而循環週期可長達百年之久，資產表內的重要資料須及時建立，並必須有長期保持的計畫與機制，延遲這項工作容易導致資料之流失與考證性之失傳，基於核燃料棒內仍存有核能來源之物質，這項任務之執行是刻不容緩的。

　　從國際核廢料聯盟的角度來看，建立起核燃料的會計制度也是必須的。當一個國家的核燃料，用過的或沒有用過的，依據聯盟機制他日移送他國時，做儲存或提煉所用之時，這些會計賬目，將會是一項極其重要的文件。因為移送出國的核物資，有再需要被提煉出做再生能源用途時，會成為存放核物資總量的基礎，如同銀行戶頭的存款與提款，戶頭內的存款就是依照原來參加盟約時，所提出的會計文件內所示出的，他日若有需要被再提煉出做再生核燃料時，這些再生核燃料被視為提款。所涉及的存款與提款的概念，會在下一章節做進一步的說明。

三、核廢料貨幣學

　　實施核廢料聯盟所依據的機制與概念，是把用過一次的核燃料當成貨幣存在銀行裡，這個銀行就是這個聯盟，而且所指的貨幣也不是我們日常

在市場買東西所用的紙幣，而是相當於現在常用的信用卡所賦予的信用，或者是銀行之間常通用的信用狀（Letter of Credit）所指明的信用。這類信用也必須標示明確的款數，由於這些核燃料並非世界上所通用的一種貨幣，所以不能以一般的貨幣視之。但是，把用過一次的核燃料，運送到聯盟指定地，就相當執行了貨幣的運作，一旦貨幣存入銀行，存款者就在存款簿裡出現存款的款數，同樣的道理，這個存款者，也是核廢料輸出國，自然也依盟約內容的規定條款，而獲得如同信用狀上所代表的信用，可以做他日支付之用。

所謂他日支付之用的情形，往往是一旦輸出國有意再度發展核電，就可以用存款簿內的存款，來支付所需的核燃料所需，甚至可以抵用購廠的成本，或者用來支付核能運作所需之服務費用，或技術引進所需的花費等。完全依照一個在流通市場內的流通貨幣概念，進行交易或達成協議，當然這個貨幣的概念與運作必須在所有聯盟參與國同意之下，依據盟約制定的機制才能有效。

四、聯盟會員國之權利與義務

核燃料聯盟可以同時針對來自三大互相糾葛議題所產生的問題，提供解決方案，這三大議題就是：核廢料處理、核燃料循環與防範核武擴散。除了對這三大議題提供了解方之外，聯盟機制上的形成，在無形中，促成核燃料市場的流通，而有助於核廢料內物資之有效應用，而確認其價值。這是一項極其重要的特質，也有助世界核能發電之全面發展。

參與這個聯盟的成員也必須遵守所設立的規範，才能使這個聯盟的運作順利又成功，這些規範一一敘述如下：

1. 核燃料聯盟雖然可以被視為銀行，但也有合作社的性質。全體盟約國都有同等權利與義務，共享經濟上的成長，也共同負擔運作上的成本。

2. 整個聯盟，與各單獨參與國須共同負起防範核武擴張的責任，包括所有核子設施內滋生出的核武材料，進行產量減少或極小化之措施。

3. 所有聯盟國，包括聯盟設定機制內的所有核子設施的一切運作全部透明化，有助於早期偵查出不合規定的鈽產量，目的是防範核武擴散。

4. 除非有市場新需求，聯盟國內之核子設施不得增加滋生鈽之產量，也不得建設新設施來滋生鈽，新市場之形成包括新型核反應爐所需燃料或加速器驅動次臨界核反應爐。

5. 任何違約或是不合核燃料聯盟盟約條款時，聯盟國得依已同意的條款，接受制裁並取消一切權益。

　　核燃料聯盟的廣泛實施指日可待，因為這個機制可以解開三大議題互相糾纏關係，而逐各擊破所面對之難題，使得核廢料處理可以順利進行，核燃料循環得以推動，而防範核武擴散的機能可以有效的執行。

　　參與這個聯盟有兩個截然不同的角度，一個是屬於核能設施輸出國的角度，另一個是輸入國的角度。這兩個角度也可以用另外一個方式來分別，前者屬於核能發電很發達的國家，在此稱之為核電大國，其他的國家就稱為非核電大國，兩者執行的策略有所不同，分別在第八章有所更詳細的敘述。

五、國家核料管理機制與機構

　　任何使用核能發電的國家必定會面臨處理核廢料這個議題，而處理核廢料所涉及的任務與工作非常廣泛，必須由一個特定的機構來執行一切管理的職責，與負責推動國家長期策略的任務。由於用過一次的核燃料含有貴重又特殊的物資，這些物資必須有謹慎、正確與及時的立案與建檔工作，來確保這些特定物資的儲存、使用與傳承。執行這個任務有兩大重要性：1. 在近期得以藉由國際市場之成熟與流通而從核能物資中獲取利益，

2. 可以有長期性的保存資料與物資，以便後代人民可以傳承福利。

　　這個機構可以稱之為核能物資部，或採用其他類似名稱。它的工作需要掌握所有所涉重大議題之國際動向，因為核能物資包括了核廢料、核武材料與發展核能的原料。這個機構又負有跨世代與越國際的責任，因為核能的本質，具有長達百年的特性與全球合作的要求，這個國家核能物資管理的機構的建立是必須又刻不容緩的。

6.2　核燃料租用機制

　　針對核廢料處理、核燃料循環、防範核武擴散，這三個互相糾結的議題，在數十年來核能學界、工業界與政界，一直在努力追尋一個直接又簡化的解決方案。前面所敘述的國際核燃料聯盟就是在這種情況下發展出來的一個方案，它所適用的範疇，注重於有意繼續發展核能與意欲保持已有核能基礎的國家。但是對於另一些不符這個情況或條件的國家，若有意要開始發展核能，但是尚未準備參加國際核燃料聯盟的國家，一些學者也發展出一些不同的機制來解決這三大問題。其中有一個機制在近年提出，就是核燃料租用的商務運作，這個運作或商務安排針對這些大問題，也無形中就提出了解方，但是它仍然需要在最後端的所有權之議題上做到達成共識的結局，之後，才能形成一個完整的執行藍圖。也就是，對於所回收的、用過的核燃料之所有權，仍須做進一步的安排與計畫，但是這個機制的確提供了頗有價值的商業模式，又可解決三個重大的議題。所以它的機制與運作在此做了闡述，以待他日這個商業模式開始進行時，就可以直接做為參考。

一、防止核武擴散的有效機制

這個商業模式是核能電廠屬於一個國家的電力公司所有，但是在運轉所需用核燃料是從核燃料製造商租來。電力公司從開始運轉到使用完畢從未擁有核燃料的所有權，核燃料用完可擇期安排由核燃料製造商回收，運送至核燃料製造原地或一個指定地區，電力公司租用核燃料的費用，包括了各項成本，其中有核燃料設計費用、棒燃料消耗代價、核廢料回收之開支、運輸花費開支。

用過的核燃料由原製造廠商回收的安排，可以使核能電廠省去許多事後處理的許多工作。這樣的商業模式可以解決核能電廠核廢料處理的問題，也減少核武擴散的風險，是一個一舉數得的安排。

二、經濟效益與代價

租用核燃料的商業模式可以使核能電廠的所在國不再有處理核廢料的難題，可以節省他日最終地底深處儲存所需的成本，也可降低當地居民反核的立場。畢竟許多國家反對核能的理由仍然停留在核廢料處理的議題上，這一切都是租用核燃料模式的優勢。

採用這種模式也須付出代價，使用租用的核燃料棒，核能電廠就沒有核燃料的所有權，也就沒有未來核燃料所產生的一切利益，包括了喪失用過一次核燃料所滋生出的新元素，與其他元素未來的使用權。失去所有權之外，也須付出執行這模式所需要的成本，包括用過一次核燃料的處置費等。這個商業模式適合一個只要求有充分供應電力的機制的國家，因為這樣的選擇可以不必再面對處理核廢料這個議題。從一個國際的角度來看，這個模式的最大優點是它可以針對防範核武擴散提供了一項有效的執行方案。

143

三、未完成的工作

　　這個商業模式能夠針對許多大前提性的議題直接提供了解決方案。最近很多專家學者正在推廣這個模式，因為它的操作方法比較容易，又有許多可以緩衝的餘地已經設定在這個模式中。例如一個國家可以與核燃料供應商簽訂一個定期性的合約，例如一個為期十年的合約，可以讓使用的國家，先開始使用核電，而仍有機會在未來，合約期滿時，做所需要的變更。所以這個模式有較高的可行性，但是這個機制尚未進入市場，很多有意願參加的簽約者，仍然等待著這個機制，完成它所需要的最後一環要素，而不再有阻礙地進入市場之後，就可以參加這個機制。

　　這最後一環的要素就是核燃料供應商或出租公司，對用過的核燃料回收之後須要有妥善的安排，包括核燃料循環的一系列措施與最終核廢料的地底處置。對這兩項必須要有可行性計畫或機制，才可以滿足最後一環的要素。它們都涉獵技術上有了充分的準備之外，還須要具備在法律規範上的有關權益，與行政性的認可。在這一切完成之後，核燃料供應商才能建立起這個商業模式的運作平台。

　　核燃料供應商若能夠進行後續的核燃料循環就能增進經濟效益與掌握核武原料之何去何從，但是這類機制的進行涉及全國性的策略，並非是一個核燃料供應商可以全面掌控的。再者，對於被視為最終核廢料的置放，有賴於使用地底深層掩埋設施的權限，即核燃料供應商必須能夠有權利使用這些設施。但是這型設施的使用權有待國家的認可，因為這些設施的原始目的，是針對自己國內核能發電所產出的廢料，而並非針對一個商業個體為了國際合約裡的執行義務，來存用所回收的廢料，若准許核燃料廠商這類的使用，則國家在政策上須做出調整，而使得整體商業模式的操作能夠得以進行，一旦政策做了調整，就可以修正法案，准許此類商業機制可以使用地底設施。當然，從國家政策的角度來看，政策的調整有其重要意義也有必要性，因為這個核燃料租用模式，可以有效的防範核武擴散，這

也是國家政策的一部分，尤其對一個核能大國而言，有了提煉技術，也有能力讓核燃料商使用地底儲存設施，得到商業利益，往往對核武防範有利的一切安排，也會大力支持。

6.3　核廢料處置場與提煉廠之聚集城

　　如果核廢料或用過一次的核燃料暫時置放的地方，與核廢料提煉廠建設在同一地點，甚至選在地底深層掩埋的地表區域，就形成一個所謂的核能城市，這個概念是近年一些學者所提出的研究心得，代表著這樣的概念有許多優點。

一、概念與意義

　　核能城市的概念只要能有適當的規劃，把核廢料的儲存與掩埋的地點，與核廢料提煉設施建設在同一地區，是有很高的可行性。這樣的概念也是基於核能發展已有六十多年的歷史，累積了不少寶貴經驗而衍生而出的。這樣的安排會有許多優點，不但會帶來經濟效益，也能直接解決不少處理核廢料的議題。

二、經濟效益與優勢

　　把核廢料提煉廠建立在地底核廢料掩埋場同一地點，甚至也在旁也建設核能發電廠，形成一個核能運作城市，不但因為節省了運輸的成本而有經濟效益，這樣的安排也大幅增加安全性，包括了運輸事故性的安全性，

也考慮到了防範核武擴散的安全性，這是一項重要的優勢。因此，下一代核電的發展對這類全面整合的設計，會因為這些優勢而被優先考慮。

6.4 全球性多邊核燃料循環聯盟

在 6.1 節，談的是區域性核燃料國際聯盟這個機制，這個機制是近七、八年所提出來的，它的可行現在漸漸地呈現出來。然而在大約二十年前左右，國際核能總署也已經提出了一個很類似的方案，而且包括了更廣的範圍，因為方案的對象囊括所有與國際核能總署，簽訂了防範核武擴散盟約的近 200 個國家，所以這個聯盟可以視為全球性的機制。它的全名是多邊核燃料循環機制（Multilateral Approaches to Nuclear Fuel Cycle）。但是，迄今為止，經歷一段為時不短的時間，卻遲遲未開始任何層面的實施，也沒有任何國家表達參與的意願，由於這是一個準備頗為完善又面面俱到的計畫，而卻沒有實行，其原因可以值得分析探討。這裡將計畫的內容、沒有成形的原因與未來的展望都有所說明。

一、IAEA多邊核燃料循環機制

這是一個面面俱到的機制，IAEA 啓用不少專家學者，大家集思廣益，擬出了一個整體性的方案，針對的就核燃料循環、處理核廢料與防範核武擴散這三大議題，擬定解方，其主要論述與方案法則，在此以簡單扼要的方式，整理如下：

1. 世界有近 200 個國家都已經與國際核能總署簽了防範核武擴散盟約，這些國家若要進一步發展核能，都能參與這個多邊燃料循環機制。
2. 這些國家可以用合約方式，使用這個機制聯盟國內現有之核廢料處置設

施與核燃料循環設施，若有必要也可建設新設施。

3. 國際核能總署建議一些國家，有此類設施的，可開放給其他國家使用，所有安排以商業合約方式進行。

4. 因爲燃料循環機制之開放，這些國家必須嚴格遵守防範核武盟約的約束，若有違約，會失去發展核能的權益。

5. 國際核能總署可以提供自身作爲各式合約的牽線人或中間人，促成合約之成形，而幫助當事國家順利發展核能。

6. 在財務上，國際核能總署也有意願承擔財務上之保證，有助於促成國際核能發展之商業合約。

7. 國際核能總署仍然可以發揮最大監督功能，包括現場檢查的工作，防範滋生出的核武材料進行有野心或不當使用，達到防止核武擴散的目的。

二、沒有全面實施的原因

　　已經過了二十年了，這個方案，並未產生任何實質的進展，礙於這個方案已經包含了多方面的考量，也獲得各方高度支持與寄望，但是卻未成形，也未付諸行動，其原因值得探討。而且這個方案或方向，在今天仍有其進行的必要性，都因爲這類方案所針對的許多議題仍然存在，都有待理清與解決，而且他們的嚴重性與困難性並未隨時間而有任何減緩的趨勢。經過檢討後，在近年這些方案未能成形的原因，可以歸納如下：

1. 國際核能總署所提案的好處，並未即時被這許多國家確定，因爲各國各有不同程度的核能技術，所以各有不同的需求。

2. 這個提案在近幾十年，面對的是各國仍有不同層次的經濟發展、財務潛力與國家資產，不能提供有一致性的好處。

3. 各國各有面對不同的政治環境或軍事壓力，而形成不同的國策，於是在這許多年內，一些國家並未感受到有採納這個方案的迫切性。

4. 諸國間仍然缺乏參加這個機制必須有的信任。

5. 也有一些國家擔心這個機制會影響或失去核能發展的主權或主導性。

6. 這個機制帶給參與國的經濟效益仍不明顯也不穩定。

7. 國際核能總署扮演的是一個被動的角色，缺乏積極性的主導權，以致無法主動驅使這方案的形成。

三、未來展望

　　近五年以來，世界局勢有所改變，也出現了新的全球性問題。而這三大議題：核廢料處理、核燃料循環與防範核武擴散，仍然需要進行更有效率的解方。在 6.1 節提出的方案 —— 區域性核燃料國際聯盟，仍然在許多專家學者，在所有提出的建議選項中，拔得頭籌，因為這個方案顯示出高度可行性，所以期待它在近期被推出進行運作，下面所列出來的是這個方案能夠成功的因素。這些因素，有的屬於增加了更有利的角度，有的是因為它針對了市場的需求，更重要的是它包含了能夠達成實踐成形的驅動力。

1. 這個方案是具有主動性的，它是由幾個核能大國聯手推動的，都基於對核武擴散的憂慮，而努力又積極的付諸行動。同時，也在機制的架構上有著以經濟效益為主的執行脈絡，而不是扮演著被動的角色，所以並不止於只以中間人的態度或自許，來期待架構成形後，再投身演繹以服務為目的的任務，只演繹了消極的角色，所以這個方案具備了非常不同的特色。

2. 在總體的概念上或組織上，它是一個利潤共享與市場共進退的合作社，而並不止於國與國之間的獨立商業關係。

3. 區域性的聯盟比全球性的聯盟容易組成，也便於運作。因為聯盟國所面對的涉及核燃料的議題，一切議題的解方都有賴於參與國家的信任程

度。區域性的聯盟參與國之間的信任與信賴比全球性的容易建立，繼而容易形成夥伴關係。

4. 核廢料會計學與核廢料貨幣學在執行核燃料循環扮演著重要的角色，這兩個題目在 6.1 節做了闡述。核廢料會計學可以把用過一次核燃料的價值完全表達出來，更可以便於稽查，也是聯盟必須使用的工具，一則了解擁有的資產，再者可以建立參與國在核燃料聯盟內的總資產之分配額。這個概念的成熟，有助於促進聯盟會員國的參與，也有助聯盟國家在聯盟裏奠定其權益比例，進而增進參與國對整個聯盟的信心，對聯盟的形成與運作都有正面的效果。

5. 核廢料貨幣學這個概念與機制也對核燃料聯盟有重要的意義。貨幣的發明與流通，是建立在財經市場的需要與對貨幣機制的信任，一個貨幣機制也需要時間來建立起來，在沒有完全建立之前，一個強有力的金融機構或銀行對貨幣使用的支持或背書，有助於貨幣機制的建立，國際核能總署聲言有意願扮演這個金融機構的角色，對於核廢料貨幣流通會有很大的貢獻。在這個架構之下，這個貨幣概念對於整體核燃料聯盟的推行有極重要的助力，一個聯盟的參與國，若視其所擁有的核廢料，運輸至聯盟指定地做儲存或提煉之用，會被視同該國之貨幣存入了銀行，這個認知必可幫助這個聯盟之成立與運作。

6. 核燃料聯盟的重要目是防範核武擴散，爲了達到這個目的，國際核能總署的參與是絕對需要的。因爲國際核能總署與許多國家已經簽訂盟約，就是要防範核武擴散。盟約內容包含了對實體設施的監督、檢查與審視所必備的權利與機制，這正是防範核武擴散所依賴的主要執行工具。這個機制的執行是整個聯盟運作不可或缺失的一環，區域性核燃料聯盟與國際核總署所提出的多邊核燃料循環機制，這兩者最大的不同，是前者以經濟效益爲主要推動力，加上其組織架構採取合作社方式的組成，使參與國家共享經濟利益，而使聯盟參與國有意願參加這個聯盟。同時，這個聯盟的初期發展，也是因爲核能大國基於核武擴散的憂慮，而有意

願主動積極向前推動這個聯盟的形成。

7. 近年大家有目共賭了極端氣候所帶來的災害，也開始了解減碳的重要性，多年以後各國面臨的徵收碳稅，也漸漸被世界察覺到它的真實性，核能發電對這些問題提供解決方案的觀念已經漸漸被人接受，有意發展核能的國家也與日俱增，各國也面臨到處理核廢料這個問題，與其他附帶議題。因此，區域性核燃料聯盟這個機制之運作比 20 年前有更迫切的需要。

8. 長時間的烏俄戰爭出現了令人擔憂的情況，那就是，使用核武之威脅已經浮出抬面，令人不得不感受到核武威脅是有其真實性，這個真實性更加強了核燃料循環聯盟的必要性。雖然這次揚言要使用核武的國家是蘇俄，一個核能大國，但是，這類威脅的產生，也有可能出自其他國家。因為核武威脅不論出自什麼國家，都一樣會引起世界局勢的緊張或不安，甚至導致了真正核子戰爭。所以全面防範核武擴散乃有其必要，烏蘇戰爭的發生增加了這個論述的真實性，這使核燃料循環聯盟的成形，不但加深了必要性，也顯示了急迫性。

7章

核燃料循環新科技

　　核燃料循環方面的研究在這幾十年裡，一直沒有停止，目的是希望核燃料能夠作有效率的消耗，四十年前所針對的議題與現在的有所不同，冀望核反應爐在消耗原始原料之際，能夠滋生出新燃料，以供下一代新核反應爐使用。說的更明白一點，就是希望核反應爐在消耗鈾235之際，能夠藉著核反應爐內的中子藉與鈾238的核反應爐，滋生出鈽239，做為下一代核反應爐的燃料。但是這樣的計畫與布局現在完全改變了，都是基於三大原因：1. 鈽239是核武原料，應該限制它的滋生。2. 新鈾礦的發現，使得核原料的來源不再有急迫性，滋生鈽就不再是目標。3. 下一代的核反應爐，以快中子為主的設計實驗型面臨一些技術瓶頸。於是，四十年前核燃料循環研究的議題就改變了。

　　大約三十年前開始，在核燃料循環方面研究的議題，產生了一項新的角度，那就是在目前所有運轉的核能電廠所使用之機型，大約每隔18個月就必須更換部分核燃料。有這樣的要求，是基於核反應爐設計所依循的核反應器物理中，所涉及的物理現象，即臨界現象與中子能量分布等題目，兩者皆不在此深談。而這個18月部分燃料換新的要求仍然存在，如果可以把18個月增長到24個月，就可以增加燃料使用的效率，又能減輕核電廠運轉的成本。所以研究議題有了新的角度，新角度包括了這兩項：1. 如何把核反應爐心，核燃料棒的置放做優化的安排與改進替換的程序而使得核燃料的消耗增加了效率。2. 改進核燃料棒之設計，而增加核燃料使用的效率。

　　另外一個極其重要的考量是在核反應爐內，希望在發電之際又能夠同時消耗核廢料。近二十年以來，核廢料或用過一次的核燃料在世界上已經累積了不少，這樣的情況大大的影響了核能發展的方向。於是，核燃料循環這個議題，在努力設計核燃料做有效率的使用之際，更冀望能夠增加消耗核廢料的功能，這一切都導向在設計核反應爐的新添特色上，增加這一些新考量。也就是，核反應爐內滋生出鈽之後，也能夠把鈽同時消耗殆盡，不但如此，同時也能把滋生出來的次錒系元素，具有高輻度放射性元

素也一併消耗掉，又同時產生能量。這些新考量形成了近十年在核燃料循環新科技的發展上，一個新趨勢，下面幾個章節，對近來這些新趨勢與新科技做了必要的解說。

7.1　輕水式快中子核反應爐

　　輕水式核反應爐有兩類：壓水式核反應爐與沸水式核反應爐，是現代世界商用核能發電廠的主流。所用的技術是依賴水來使中子減速，讓中子減速到低能量的範圍，利用中子在該低量範的一個特質，能夠有效率地進行核分裂反應，而產生能量用來發電，所以現代核能發電主要依據的物理現象是慢中子核分裂。但是如果核能電廠的核反應爐運行所依賴的中子能量增加到快中子的能量範圍，可以有一些好處，好處包括了鈾原料可以更有效率地被利用，而核子反應生出來的核廢料也能夠被消耗掉。這些情況都是出於快中子本身有天生俱來的物理特性，能夠達到這兩個目的，造就了這些好處。

　　當然，如果在基本設計上做重大的改變，而推出下一代快中子核反應爐，不用水做冷卻劑，也不必用水做中子減速的功能，要滿足這一切的要求，不如直接進入一個核能發電的新世代，發展快中子核反應爐，並且當為主流設計，既可發電，又可一邊發電又一邊消耗廢料，甚至可以加強它的設計用來消耗現在已經累積的核廢料。但是，由於核能工業是一個極其龐大的產業，一個新世代的發展與誕生需要有大量資金，經濟與欲消除核廢料的壓力，估計也需多年之後，才能見到新世代核反應爐為核能發電之主流。但是，在快中子核反應爐未能主導世界潮流之前，輕水式核反應爐仍然可以在設計上做小幅度的變更，讓快中子出現，而達到可以接受的效果。

　　把輕水核反應爐做一些設計上的修改，以達到有了快中子的效果並非難事，而且這些設計達到快中子的效果時，並不需對廠內其他的設備做任何修改，就仍然可以勝任發電上的機能，又符合運轉安全上的要求。這些修正只需在核燃料棒的置於爐心安排，做適當的更新即可。這種更新的安排包括了核燃料束內部的幾何結構與核燃料棒內，鈾濃縮度有不同的分布，或依核燃料棒的高度置入不等量的鈈，形成核燃料在爐心裡呈現出三度空間的分布。

　　改造輕水核反應爐來呈現快中子核反應爐的特徵並非難事，只要依照幾個重要的核反應爐物理原則，在設計輕水型時依賴這些原則，把一些設計參數做適當的改變就可達到目的。其中一個很重要的輕水式核反應爐所依賴的參數是減速劑與核燃料比例（moderator to fuel ratio），這是一個極其重要的參數，了解了這個參數的意義，就比較容易了解對輕水核反應爐改造的方向。

　　核反應爐內的快中子的來源是核燃料棒內的鈾或鈈，核分裂反應產生在核燃料棒內，而核分裂反應產生的都是快中子。這些快中子形成時產生熱量，快中子再穿透棒殼金屬進入殼外水中，與水分子碰撞而減速，變成了慢中子。這個減速的過程即所謂的 moderation，慢中子形成後再彈回進入各燃料棒，進行以慢中子為主導的核分裂反應，這過程描述了核反應中子能量的變化。

　　一個核反應爐的設計可以選擇以慢中子為主或快中子為主導的中子能量分布，在兩者之間的取捨與調適，所依賴的參數是減速劑與核燃料的比例（moderator to fuel ratio），若有需要補足達到臨界所需的條件時，可以在核心周圍裝置反射體，或把核心整體加大，而彌補因為比列值的選擇而造成中子不足的臨界短缺。但是比列值一旦選定，而核反應對臨界的要件不成問題之後，這個比例值就決定了中子能量在整體核反應爐內分布，與其他核反應爐特性，如溫度係數與能量係數等。

　　一個核反應爐的臨界形成以後，所依賴的設計如果是減速劑多於核燃

料，則核反應爐的特質，屬於超量減速型（over moderation）。不然，另外一個情況就是低量減速型（under moderation），於是減速劑與核燃料的比例這個參數，就呈現一個核反應爐設計上的一個重要概念，它的特殊性就被用來當作核反應爐內快中子數量比例的指標。核反應爐內減速劑與核燃料比例，可以藉由核燃料棒的間隔距離的改變而做調整，也可以用核燃料的含量在幾何分配上做改變而達到相同的目標。

從核燃料循環的角度來看，近年來有一些新技術的研發，注重在沒有快中子核反應爐全面發展之前，可以在輕水核反應爐的設計上做一些變更，使得中子能量分布傾向快中子的增加，而達到快中子的效應。那就是，要利用快中子的特性增加鈽之滋生，再利用滋生出鈽做燃料，使爐心一直有足夠的燃料，做到可以避免頻繁燃料更換，更使得燃料消耗更有效率，又能同時消耗產生出來核廢料。

還有第三類方式來改變減速劑的效果，而使得核反應爐內中子能量的分布趨向快中子，而得快中子核反應爐的好處。那就是把減速劑以重水代替，因為重水雖然能夠使中子減速，但是效果並不如水，都是因為重水是輕水的同位素，水分子的氫原子被同位素氘代替，從古典力學的角度來看，兩顆粒子碰撞時，兩者動量交換量最大的時候，是當兩者質量相等之時，若任何一方質量大於另一方時，則在碰撞時，動量的轉移，或減速的效果會減少。因此使用重水做減速劑時，中子被減速的效果會減低，而使得核反應爐內的中子能量分布趨向快中子，而得到快中子核反應爐的益處。當然這個設計的代價是重水的成本較高，而且核反應爐內的管路設計與材料選擇必須要有防止重水漏失的考量。

輕水快中子核反應爐的快中子數量呈現多的時候，代表著更多的天然鈾可以藉由多出的快中子滋生出鈽做為燃料，延續核燃料使用壽命。鈽的滋生率（conversion ratio，CR）成為一個滋生的指標，當 CR 大於 1 時，意味著鈽的產量會過剩，而從核燃料循環與防範核武擴散的角度來看，CR 值等於 1 是最為理想。目前現代的輕水核反應爐的 CR 值在 0.5 與 0.6

之間，意味著它消耗核廢料的能力並非最強，也不足以做爲滋生鈽爲主的機制。

一、六角形燃料束

　　二十年前爲了核燃料循環的進步，就已經開始有了在核燃料束在組裝幾何上的改變，其目的就是爲了增加滋生值。那時有一美國核燃料製造廠家 Babcock & Wilcox，推出了核燃料棒呈六角形的的幾何圖形安排，形成一個六角形的核燃料束，使水與燃料體積比例減少，有效地達到快中子比較多的分布，而使滋生率 CR 值達到 0.9。

　　事隔多年，德國的一個核能電廠設計公司 Kraftwerk Union（KWU），也在核燃料循環上設計上更進一步。他們在新的核燃料棒除了採用了六角形的核燃料束，也在燃料的組成中加入中子種子區與滋生毯區的設計，使得核反應爐裡的中子能量分布再呈現更多的快中子，這樣的設計造成了滋生率 CR 值高達 0.96。這類設計有另一優點，那就是它的空隙係數（void coefficient）與溫度係數會呈現一個大的負值。意味著，它的安全性被提高了，因爲任何無意的核反應爐內能量若升高，會使空隙增加或溫度上升，若係數是一個大的負值，會導致能量大幅下降，有效地抑制了無意的能量升高，故而視爲安全性被提高。

　　日本的核電設計也在這方面的研發有一些進展，採用的也是六角形核燃料束，但在燃料束中間置放的是產生快中子的核燃料棒，而四周圍以滋生毯區使用了特殊的中子減速材料 $ZrH_{1.7}$ 爲主，有效的達到減低減速劑的效果，增加了快中子的分布，可以增進空隙係數的負回饋效應，更使得這設計達到滋生率 CR 值達到 1.0。

二、沸水式核反應爐

　　沸水式核反應爐在核燃料循環方面做進一步的發展時，注重的方向是在減低水蒸氣含量的設計上做變更，而達到把一般沸水式核反應爐改造成快中子沸水式核反應爐的目的。日本的核電廠設計公司日立（Hitach）與日本原子能總署（Japan Atomic Energy Agency）都推出了新設計，稱為再生資源型沸水式核反應爐（Resource-renewable Boiling Water Reactor，RBWR），與創新式變化型核燃料循輕水核反應爐（Innovative Water Reactor for Flexible Fuel Cycle，FLWR）。他們也採用了六角形核燃料棒置放陣形，也用六角形核燃料束，利用這個幾何形狀可以減少減速劑與核燃料的比例，同時也沿著核燃料的長度，設計成燃料有不同的分布。它的特徵是，核反應中子產生區與滋生區呈交替安排，但是最重要的新參數是把運轉時的水蒸氣與水在爐心的比例增加，或空隙值從 0.4 增加到 0.6，這一切的新進設計可以使滋生值 CR 成為 1。

　　這樣的設計有一大優勢，就是對既有的沸水式核反應爐，尤其是進步型沸水式核反應爐（Advanced Boiling Water Reactor，ABWR），在改造成快中子核反應爐時，全廠其他附加設備都不必變更，而只需變更核燃料束的設計與運轉條件。

7.2　液態鉛快中子核反應爐

　　新一代的快中子核反應爐最重要的兩大特色是：1. 使用核燃料的效率增大，2. 能夠消耗核廢料。四十年以來，液態鈉快中子核反應爐是被看好的主流設計，幾個核能先驅國家也在這個設計上，作了大量投資，也建立具規模的實驗性的核反應爐，進行了不少實驗。但是這個設計在近數十年以來並未廣泛推廣，主要是基於經濟原因與一些技術上的瓶頸。

　　技術瓶頸的其中一項是用液態鈉為冷卻劑所產生的問題，問題的根源是，雖然鈉金屬能導熱，呈液態可以成為有效率的冷卻劑。但是鈉的化學活性很強，容易與水產生化學變化而產生氫氣，在各地的大型實驗型核反應爐的運作中，常因鈉液外漏而釀火災。也是基於這個原因，在蒸氣產生器的設計上，必須在中間置入多一套熱傳導的迴路，希望能夠發揮隔離的作用，以減低鈉液外漏而直接引發事故的機會。這個設計，對於工程上的建設與操作都是多一層的負擔。

　　近二十年來，液態鉛被考慮在快中子核反應爐裡代替液態鈉當作冷卻劑，各國紛紛在這個新方法做了許多研究，看好液態鉛的使用，使得液態鉛快中子核反應爐的發展，在近年引得大量關注。由於快中子核反應爐被視為新一代的設計，在核燃料循環這個議題上有著舉足輕重的地位，液態鉛用做冷卻劑的設計，有明顯的趨勢會被採用。它的特色，包括優缺點與面臨的技術瓶頸，在此一一說明。

一、優點

　　用鉛當成冷卻劑有兩大好處：1. 它有很高的沸點，攝氏 1743 度，所以在運作時不必加壓就可以使鉛保持液態而不會達到蒸氣狀態。鈉的沸點是攝氏 882.9 度，相比之下，鉛比鈉有優勢。2. 鉛的化學活性沒有鈉強烈，所以鉛遇到水不會產生氫氣，不會像鈉在運行時，因為外漏而引發火災。所以，用鉛當成冷卻劑時在冷卻系統的設計上可以簡化許多，由於沒有防漏防火的特殊考量，在系統工程的建設上與運轉上就不必大費周章地做許多附加的工作。

二、缺點

　　但是，液態鉛的一大缺點是它對管壁材料的腐蝕性，也是近年世界各地正在研究的議題，希望在管壁材料方面或液態的化學處理上有所改善或增進，以避免液態鉛的腐蝕性，下列是各國近年在這方面的研究發展。

1. 在核燃料棒之金屬外殼，置入一層特殊材料，能夠防止鉛的腐蝕性。
2. 採用特殊鋼材 316L，用這個鋼材的組件，溫度若能保持攝氏 400 度以下，就不容易腐蝕。
3. 用氧化鋁製成的奧斯亭尼鋼來做建材時，液態鉛可以在鋼材的管壁表面形成一層氧化鋁，有效的阻止了液態鉛的腐蝕的繼續惡化。
4. 控管液態鉛的化學成分，可以減少液鉛之腐蝕性。

三、近年發展

　　近十年來許多國家紛紛在液態鉛快中子核反應爐上開始了具有規模的研發與設計，它們的進度與展望一一闡述如下。

(一) 蘇俄

　　蘇俄在早年就開始在液態鉛的使用做了許多研究，把潛水艇的技術上轉移到核反應爐的研發上，也把液態鉛滲入鉍元素（Bismuth），形成鉛鉍熔融共晶體（Lead Bismuth eutectic，簡稱 LBE），是一個性能更好的液態金屬流體，呈現性能更好的冷卻劑。蘇俄在近年推出了兩個核反應爐設計：SVBR-100，發電量是 100MWe，與 BREST-300，發電量是 300MWe。值得注意的是，SVBR-100 屬小型核反應爐，設計的特色包括了高度的安全性，與自動性，比較適合偏遠地區使用。而 BREAST 這一型的核反應爐有著一面發電一面滋生出鈈的特性，可以使爐內燃料得以連

續性的自己供應，又有能夠一面發電一面消耗核廢料的功能。這兩個機型都是快中子核反應爐，它們近年推出，有著早日進入市場的冀望。

(二) 歐盟

　　歐盟在液態鉛使用的設計上也不遺餘力，而且一切研究工作都指向近日可以商業化做為目標，一個準備未來做商業運轉的機型，稱為歐洲鉛冷式快中子核反應爐（European Lead Fast Reactor，ELFR），發電量是600MWe。它用的核燃料主要是鈾鈽混合體（MOX），使用這種核燃料可以達到滋生率（CR）為 1.07，有效的延續燃料使用時間。在同一時間為了獲取實際的設計經驗與運作心得，又能夠有助於進行建廠執照，在歐盟的研究案中，建設一個小型的實驗機組，稱之為歐洲先進式鉛冷快中子核反應爐示範機組（Advanced Lead Fast Reactor European Demonstrator，ALFRED），它的發電量是 100MWe。這兩個核反應爐的設計與建設都屬於歐盟所要進行的歐洲工業核能永續藍圖（European Sustainable Nuclear Industrial Initiative），這個藍圖包括了採用液態鈉與液態鉛為冷卻劑之快中子核反應爐，是執行核燃料循環的所必要的技術。

　　除了快中子核反應爐選擇了液態鉛做為冷卻劑，另外一類核反應爐也採用鉛鉍熔融液（LBE）為冷卻劑，那就是加速器驅動次臨界核反應爐（Accelerator Driven Subcritical Reactor，簡稱 ADS）。這類核反應爐與快中子核反應爐相似的地方是，兩者爐心呈現的都是以快中子為主要運作媒介，為了冷卻，爐心也用了鉛鉍熔融體（LBE）當做冷卻劑。ADS 在核燃料循環上也有重要的角色，它可以被視為以焚化核廢料為主要功能的一種核反應爐，當核燃料循環機制大規模啟動時，所建造的快中子核反應爐的數量，全部加起來，可能都不夠處理世界各地累積的核廢料，於是加速器驅動次臨界核反應爐，可被用來做為專門焚化核廢料的核反應爐。歐盟在整體策略上，對消滅核廢料有大規模的計畫，於是在比利時建設一

個大型的示範廠，名叫 MYRRHA（Multi-purpose Hybrid Research Reactor for High-Tech Applications），近年會完成建廠。建廠完成啓動後，會得到第一手的實驗資料，對鉛鉍液態冷卻劑的使用，其效果與經驗會有高度價值，對整體核燃料循環的發展有重要貢獻。

(三) 日本、韓國

　　日本與韓國在液態鉛快中子核反應爐的發展上，一直有著積極性的參與，他們參與的機制是經由第四代核反應爐發展的國際合作計畫來進行。韓國另外擬出具體計畫，意欲推廣漢城國立大學的一個設計，名稱爲 PEACER-300，是一個使用液態鉛鉍熔融液爲冷卻劑，而能夠消耗鈽的核反應爐。在核燃料循環這個議題上，韓國呈現了積極的參與與發展。

(四) 中國

　　中國科學院（Chinese Academy of Science）、核能安全科技院（Institute of Nuclear Energy Safety Technology，INEST）與中國科技大學，這許多年來致力發展加速器驅動次臨界核反應爐，一則可以發電，再者可以有效消耗核廢料，所設計的核反應爐稱爲 CLEAR（China Lead Based Reactor），所用的冷卻劑也是液態鉛鉍熔融液。這個團隊擬出的計畫包括：1. 實驗裝置，CLEAR-1，10MW。2. CLEAR-II，100MW，實驗型核反應爐，與 3. CLEAR-III，1000MW，示範型核反應爐。這一切的計畫也在核燃料循環的整體機制上扮演著重要角色。

(五) 美國

　　美國在這個領域裡，並沒有像前面所敘述的幾個國家一樣的積極，但是也有一些計畫提出了鉛冷式快中子核反應爐的設計。都是屬於小型核反應爐範圍之內，也屬於核燃料循環的議題，所值得介紹的有兩個項目，一

個是 SSTAR，另一個是西屋（Westinghouse）推出的鉛冷式小型模組化核反應爐。

SSTAR 的全名是 Secure Transportable Autonomous Reactor，安全可移動自主核反應爐，是一種小型核子反應爐，適用於偏遠地區使用，它的發電量在 10 至 100MWe 之間，屬於第四代新式核反應爐技術發展合作計畫的框架內，它有幾點重要特殊性：

1. 整個核反應爐可以用密封鋼殼來做安裝。
2. 可以用船隻或陸地運輸工具，送到目的地後，開始使用。
3. 有 15 至 30 年的運轉期不用換燃料。
4. 操作可以規劃成自動化，減少操作人員。
5. 可以做現場操作也可以規劃遙控操作，也有探測不尋常狀況的功能。

以上的特殊性，包括操作簡單性，安全性，自動化，與防範核武擴散之考量，使得這個設計在諸多新式核反應爐設計中贏得許多關注，也在核燃循環的考量上占了一席之地。

西屋公司針對液態鉛核反應爐的市場，推出了一個發電量在 450MWe 的設計，預計在 2030 年可以準備就緒。它的設計具調適性，意味著，所有組件可以用比例來設計出不同的發電量，也有著安全特質，有不需操作員管理的優點，也有快中子核反應爐的特色，使核廢料產生的淨值也明顯減少。

(六) 英國、義大利、羅馬聯手

英國也開始發展鉛冷式快中子核反應爐，而且發展的方向是著重於小型模組化的設計，一切計畫以實踐性的策略為主，注重於以鉛冷所需的材料與塗層的研發，也包括建設與製造過程的關鍵，充分利用在義大利已經具有的鉛熔液的專業知識，組合一個以商轉為目標的團體，這個在近日成立的跨國聯合組織，意味著鉛冷式核反應爐已被看重，開始了準備要商轉運作的機制。

7.3　新式高溫核反應爐

　　從核燃料循環的角度來看高溫氣冷式核反應爐有著不同的意義，原因是這型機型所強調的最大優點是它的安全性，因爲它沒有因爲頓失冷卻劑而造成核事故的擔憂。但是，更可取的是，它的設計也有在核燃料循環上也有一些重要優點。

　　核能電廠採用了高溫氣冷式的核反應爐機型，根據了不同的設計理念。例如，可以產生多一點鈽 239，於是就用石墨做緩衝劑。還有另一特色，就是它能耐高溫，所以安全性高一點。它之所以能夠耐高溫是因爲它的核燃料有陶質材料的特色，製造成球形小顆粒，直徑約有 0.5 毫米至 1 毫米不等，它有個專業名詞 TRISO（TRistructural ISOtropic），意思是三層無向性。這類核燃料小球的內部結構，各層材質由外到內是熱解碳、碳化矽、熱解碳、密綿碳填充層，到最裏面的核心才是核原料，核原料可以用鈾 235、鈽 239，或釷 232 爲主，濃縮度可由 8% 至 20% 不等，他們的化學形式是可以採用這三者的碳氧化物或氧化物。

　　用許多很小顆粒的核燃料球粒，可填裝在兩種不同的幾何體內，一種是直徑大約是 5 公分形狀看似撞球台上的球所用的球體，另一種是長形圓筒，兩者的結構材質都是石墨矩體，體內可盛裝數萬顆核燃料小顆粒球體。

　　看似球的容體有一常用名稱，叫卵石（Pebble），把諸多卵石容體運送到核反應爐，使爐心有足夠的核燃料就會達到臨界狀態，在爐心累積卵石的地方也有其名稱，叫卵石床（Pebble Bed）。

　　另外一種設計是把上萬顆細小的核燃料球填入一個長形圓筒內，這長形圓筒也有一個特別的名稱叫密實體（Compact）。把上千個密實體放入一個看似蜂窩的一個巨大呈六角形的體內，置於其中有的許多中空直糟內，形成一個所謂的「菱形核反應爐」。填有小顆粒核燃料球的密實體，

整個菱形核反應爐的材料是石墨，是用做中子緩衝劑，也用做結構性的材質，整個結構被稱爲塊體（Block）。

目前有一些國家都以這種球形多層陶質材料包在外層的核燃料爲基礎，利用它的耐高溫特性，設計了高溫氣冷式的核反應爐，而具有高度安全性。這個認知已經被核能產業界所接受了數十年，但是除了有安全性的優勢之外，這個球體核燃料的構想給核燃料循環的機制帶來了一個非常有利的操控方法，對於核燃料循環的策略性的執行，有著更有創意又有效率的做法。

球形陶質核燃料在改善核燃料循環方面的的機能可以在運轉時，從核燃料球的操作上被發揮，發揮的方法可以由兩種不同的安排來執行。這兩種安排都是基於球形核燃料在核反應爐運轉時，由爐上端置入，在爐心集體呈臨界狀態產生核反應。經過一段時間，球形核燃料由爐底送出，這樣的核反應爐稱之爲卵石床（pebble bed），圖 7.1 所呈現的就是這樣的核反應爐。

第一種改善核燃料循環的安排是當核反應爐運轉時，一些使用過的燃料球由底端輸出後，可以用相當於輻射測量的儀器，來測出燃料球的放射性程度。藉此判斷燃料球使用的程度，或所謂的燃耗（burn up），被定爲燃耗程度不夠的燃料球，或核燃料球的使用量未達標時，可再送回核反應爐內繼續使用。如此反覆操作，可以使全部燃料球最後都能夠有機會被平均使用，而達高燃耗的目標，這是個在運轉時以操作燃料球的方式來改善核燃料循環的效率，這是球形核燃料使用於卵石床核反應爐的一項特色。

第二種改善核燃料循環的安排是可以把卵石床核反應爐的爐心內部，用直立擋板來設計成不同的區塊，把不同燃耗的燃料球，置入不同的區塊裡，做成三度空間的分布，使所有的核燃料球都能有機會，達到最後都會被完全消耗的程度，這也是因爲球形核燃料使用於卵石床核反應爐的特色，能夠達到提高全體核燃料效率的目的。而一般的核燃料棒的設計

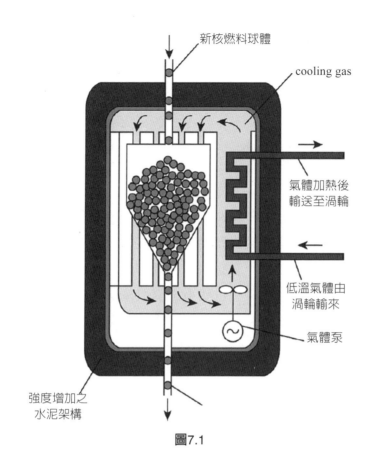

新核燃料球體

cooling gas

氣體加熱後
輸送至渦輪

低溫氣體由
渦輪輸來

氣體泵

強度增加之
水泥架構

圖7.1

都是細長的幾何形狀，很難在細長的核燃料棒內，製造出在核燃料的分布
上，做出不同的燃耗程度的核燃料棒，而達到核燃料可以被平均消耗的目
標，這也顯示了燃料球的一項優點。

　　另外一個方式要達到所有核燃料被完全消耗的目的，是在輕水核反
應爐內，把核燃料束在爐心內，更換他們位置（fuel shuffling），輪流在
有不同中子能量的位置，進行更有效率的消耗，冀望能夠達到同樣的目
的。但是 用這個方法在輕水式核反應爐更換燃料，需要停機一段不短的
時間，在經濟效益上反而沒有優勢。但是核燃料球在卵石床核反應爐，由
於它們的伸縮性，可以做到可以有連續性選擇性燃耗不同的燃料球，回送

到爐心，也可以置於不同的位置，做適當的燃料分布，進行在燃耗上做不斷的改進，而達到核燃料循環優化的目的，這就是這型高溫核反應爐的一個顯著的特色。

7.4　從海水提煉鈾

　　地球上到底總共蘊藏多少鈾元素，一直是核燃料循環的一個重要話題，近十數年，許多新鈾鑛的發現，使得核燃料的來源不再有缺乏的擔憂，也不再是核能發展的一個瓶頸。這個情況也改變了核燃料循環的主題，不再冀望用鈽來做燃料，也就不必依賴核反應爐以滋生鈽爲主要目的，不滋生鈽有助核武擴張防範。這些改變使核燃料循環的議題轉變了方向，於是新的議題就改成了，核反應爐不須滋生鈽，而賦予消耗核廢料的任務。這個轉移的好處是讓核能發展減少核廢料處理的負擔，使核燃料循環免於後顧之憂。相較之下，鈾礦之開採，原本是核燃料循環的前端或前提，用的是採礦方式，現在加入海水提煉出鈾元素的新選項，又多出百倍的核燃料來源。這樣的情況不但影響了核燃料市場，也直接影響到核燃料循環的全局，因此由海水提煉鈾元素這個議題在近十年就倍受關注。

　　用採礦方式取得鈾元素目前仍是可靠的做法，鈾礦遍布世界各地，全球的總蘊藏約有 1 千 7 百萬噸，包括世界各地所有可以開採的蘊藏與不合開採經濟效益的蘊藏量，這也是一個大約的估計。表 7.1 列出各國的鈾鑛蘊藏，表中的數字代表著已經確定也能開採的蘊藏，但也只做爲參考，尤其近年的新發現使得這個數字常常更新。

表7.1　各國鈾礦蘊藏

國家	鈾蘊藏量（噸）	百分比
澳大利亞	1684100	28%
哈薩克斯坦	815200	13%
加拿大	588500	10%
蘇俄	480900	8%
南米比亞	470100	8%
南非	320900	5%
奈吉	311100	5%
巴西	276800	5%
中國	230900	4%
蒙古	144600	2%
烏茲別克斯坦	131300	2%
烏克蘭	107200	2%
波茲瓦納	87200	1%
美國	59400	1%
坦佔尼亞	58200	1%
約旦	52500	1%
其他	26600	5%
世界總合	6078500	

　　每公升的海中含有 3 微克的鈾，所以全世界海中鈾的總量被估計有 45 億噸，而且陸地表面仍有微量的鈾，經由長年雨水衝刷，聚集河川，流入大海，還會使得海水的鈾含量增加。現在的數字，與陸地上鈾礦的總量比較，海水內的鈾元素總量是陸上鈾礦約三百倍到五百倍，雖然這是個大約數字，但是，已經明顯呈現海水是個鈾元素重要的資源，對核能產業而言，是不容忽視的。

　　從海水吸取鈾元素在基本技術上是成功的，但是要進行全面商業化，必須得發展出能降低成本在市場能有競爭力的方法。現在隨然還沒有

達到那個地步，但是世界各地已有許多進行的研究，著重於提煉效率的增進，與能夠從事大規模生產的方法。美國、中國、日本都在這方面在積極進行著技術發展與實驗，美國麻省理工學院、史丹佛大學、橡樹嶺國家實驗室與太平洋西北國家實驗室在美國能源部的支持下都在這方面做出重大的貢獻。

約四十多年前麻省理工學院的 Michael Driscoll 教授與 Frederick Best 博士發展出一套用 Amidoxime 化學物，置入海中可以使海水中的氧化鈾離子吸附於這個化學物質上，而提煉出鈾元素。這個方法與使用類似的材質，在近年被其他學術研究機構，做了更進一步的研究。新的研究方向包括了在吸附量、吸附速度與改進重複材質的次數，做了不少增進的工作。

近年最新的方法包括了發展更有效率的材質用來吸取海中的鈾離子。例如，用有機草酸鹽（organic oxalate）、有機磷化物（organic phosphate），還有偶氮化合物（Azo compound）等，做為吸附材質。最近的一個新發現是澳大利亞的核能科學與技術組織（Australian Nuclear Science and Technology Organization），與新南威爾斯大學（The University of New South Wales）利用釹元素之氫氧化合物製造成的複層化合物，可以有高效率的吸取水中的鈾原子。中國國家核能公司也在南海要建立實地實驗場，面對不同海流情況做增強海水提煉鈾元素的研究，這一切進行中的實驗意味著從海水提煉鈾做核燃料，在技術上沒有瓶頸，各國紛紛在朝向短時間內發展成商業化的方向繼續努力。

第 8 章 處理核廢料之百年藍圖

處理核廢料除了需要完成地底掩埋之建設，滿足許多與建設有關的工程與人文方面要求之外，還需要顧及百年整體核燃料循環的諸多因素，同時也要建立有效的防範核武擴散之機制。這三方面的考量一直是核廢料處理所必須同時面對的議題，而這些議題對核電大國與非核電大國卻有著截然不同的意義。也意味著，對這兩大類不同的國家，所面對的任務與策劃也會有甚大的差異，因此，處理核廢料之百藍圖的內容對這兩類國家必須分開討論。

8.1　核電大國之考量

所謂的核電大國，它的定義並不明顯，不一定是指擁有很多核能電廠的的國家，也不一定是指有能力輸出建設核能電廠技術的國家，而是從核燃料循環的角度來看，是否有能力從核廢料提煉出鈽與鈾技術的國家。因為有能力從核廢料提煉出鈽與鈾，就可以生產更多的核燃料供應核能電廠使用，而鈽又是核武的原料，所以，有了提煉的技術就掌握了核能發展的一項很關鍵的課題，而能夠被視為核電大國。核電大國在擁有了發展核能重要技術之餘，就更多了一份責任來防範核武擴散。再者，核電大國也因為多了這項核武擴張的負擔，而更有意願在整體核燃料循環的機制上，納入防範核武擴張的考量。

一、哪些國家是核電大國

可以歸類成核電大國的國家並不多，目前這類國家有美國、中國、俄國、英國、法國、德國、日本、加拿大與印度。當然巴基斯坦與北韓也有提煉技術，但是這兩個國家從事提煉的意向，並非在於和平用途，對於所

談論的議題──核燃料循環，沒有直接關係，所以不再納入討論。也因爲這兩個國家在從事由核廢料提煉出鈽爲核武原料，也不願受國際核能總署之監督，而使核武擴張之危機更加彰顯，這也意味著核武擴散仍有實質上的威脅，不可被輕忽而須正視其危害性。諸多核電大國身負重任，須盡最大努力，在進行核燃料循環之際，合力建立防範核武擴散之機制，嚴密執行防範核武擴散之任務。

二、核電大國有市場占有先機嗎

　　核電大國因爲掌握著核燃料提煉技術，會影響整體核燃料循環的導向，也會在未來的國際核能市場上占有先機，因爲目前核廢料處理的機制，不論採取的是大肆提煉或全數掩埋的策略，皆未全面進行。而所有核能電廠所使用過的核燃料棒，仍然不斷繼續累積，而使世界上所有使用核電國家都面臨處理核廢料的壓力。這樣的壓力與時俱進，也會對一些意欲發展核能的國家，帶來負面影響。這樣情況勢必在近年會有所改變，未來核能市場，也會針對預期的改變而有所應對。大部分擁有提煉技術的核電大國，也明白表示了立場，核燃料循環是他們國家所主張的核廢料處理策略，提煉之機制是核燃料循環重要的元素，一旦核燃料循環之機制全面開始啓動，這些核電大國勢必因爲擁有提煉技術而居有領導地位，因此占了市場優勢。

　　核電大國雖然因爲擁有提煉技術，而占未來核能市場先機，但是防範核武擴散，卻需要世界所有使用核電國家一起努力才能成功，不論是核電大國或非核電大國，都需共同負擔這個責任，而且從經濟的角度來透視這個議題，這兩類國家也須密切合作才能成功的發展出一個成熟的市場，因爲在這個共享的市場裡，兩類國家的利害關係也是密不可分的，這個觀點需要用市場建立的必要條件來剖析，才可看出端倪。

三、人人都是贏家

所謂核電大國的市場先機必須滿足一個重要前提才能成立，那就是必須要有市場的形成，才有先機可言。而市場的形成必須要有非核電大國的意願，冀望把自己的核廢料送到核電大國從事提煉之服務，才能夠形成市場。非核電大國這樣做的目的，是可以把自己國內的核廢料的價值，經歷提煉的過程才能完全能夠呈現出來，實踐了核廢料會計學與核廢料貨幣學所敘述的原則，核廢料會計學與核廢料貨幣學在前面分別作了敘述。核廢料的價值在核電大國的提煉設施中被提煉出後，就可得以認證，核電大國則可因此而收取服務費與存儲費，甚至也收取視同銀行作業之手續費。換言之，核電大國在市場之所以能夠獲以先機，必須要有非核電大國作為顧客為後盾，而奠定其市場先機之地位，而非核電大國之核廢料價值也依賴著核廢料在核電大國內被提煉而得以認證。在一個國際核廢料同盟裡，核電大國與非核電大國的關係是不可分割的，國際核廢料同盟也被視為核廢料市場的基礎，不但確保核廢料市場的成長，也須藉著核料貨幣的流通，而造就核燃料共同市場的成熟。

一個國際核廢料同盟的組織，不但造就了一個共同市場，在經濟上，人人都會是贏家，在處理了核廢料的機制上，減低了地底掩埋的負擔。同時，在防範核武擴散的措施上，也提供了一個極有效率的辦法。

8.2　核電大國之執行藍圖

核電大國的責任是全球性的，不但要 1. 推動全世界的核燃料市場，2. 執行核廢料的解決方案，3. 又要維護世界和平而建立嚴密的防範核武擴散之機制。從這三者缺一不可的要求上，核電大國之執行核廢料處理的藍圖，必須包括下列事項：

(一) 積極推廣世界核燃料同盟之機制

　　世界性的核燃料同盟成立以後，可以讓同盟國同時針對處理核廢料、促進核燃料循環與防範核武擴散三大議題，同時提供解方。而成立世界性同盟的機制需要由核電大國一起來推動，才能有效率的建立組織架構，啓動同盟機制，與進行全面的運作。核電大國需積極與其他核電大國，與非核電大國共同聯手建立這個同盟，以合作社的方式，讓所有盟國享有同等之商業利益，也同時結諦了政治上視爲友邦之盟約，有助於核燃料共同市場之成熟。在進行之初期，爲減低阻力，可以考慮先成立地域性的局部同盟，再逐步推廣至全球性的結盟。

(二) 發展快中子核反應爐

　　核電大國需積極發展快中子核反應爐之技術，做爲下一代核能發電的基礎，達到消耗鈽的存量，又能焚化現代輕水式核能電廠產生的廢料。這類新型核反應爐的研發已經在四十年前開始，但是由於政治形態的改變、經濟上的需要衰退、技術上遇到瓶頸與發展快中核反應爐的主題改變，使得快中子核反應爐的發展停頓了至少三十年，但是近年由於世界核廢料之累積，技術瓶頸也得以突破，發展小型模組化之核反應爐也採用快中子的設計而開始引人囑目，意味著發展快中子核反應爐之趨勢已經抬頭。核電大國需居領導地位，需刻不容緩全面發展這型核反應爐，成爲下一代核能的主流。世界上已經發展俱有規模之快中子核反應爐是俄國，他們設計的 BN-600 與 BN-800 快中子核反應爐也已經運轉多年。法國也開始使用了鈽鈾混合燃料（MOX），置於現有的壓水式核反應爐，使爐心之中子能量呈現局部性快中子之分布，也達到了消耗核廢料之功效。這都意味著快中子核反應爐之時代已經開始，現在所需的的是全面的積極的推動快中子核反應爐的應用，做爲未來核能發電的主流，以造就有效率的核燃料循環之機制，也解決核廢料上現在面臨的議題。

(三) 全面發展核燃料循環新科技

　　核電大國需積極支持一些核燃料循環方面的新科技之研發，包括了更改輕水式核反應爐的設計，藉著核燃料束的改進，使爐心能量分布上呈現較多的快中子，以增加燃料消耗的效率與加強焚化核廢料的功能。使得核反應爐在發電的同時，能夠消耗所產生出來的核廢料。新的研發也須包括消除使用液態鉛做冷卻劑的技術瓶頸，也包括了設計出可行的高溫核反應爐所使用的機械型測量裝置，用於重新裝填已經使用過的核燃料球，再傳送回核反應爐內時，能夠使得核燃料球的消耗，會呈現均勻的分配，因而增進整體核燃料消耗的效率。由於海水有可觀的含鈾量，從海水提煉的鈾產量直接影響了核燃料的來源，而對整體核燃料循環有密切的關係，所以從海洋提煉鈾元素，也是一項不容忽視的產鈾方式，海水提煉鈾的技術必須從事大幅研發。因為這些新科技都直接影響到核燃料循環的大局，都是核電大國必須積極推動的研發項目。

(四) 積極建設地底核廢料存置場

　　很多核電大國目前並不積極建設大型的地底掩埋廠，但是深層地底掩埋設施在整體的核燃料循環的框架裡是必要的設施。既使在核燃料循環的機制裡，採用了全面提煉鈾與鈽的策略，也使用加速器驅動次臨界核反應爐來消滅高輻射次錒系元素之核廢料成分，最後剩下仍有少量無用的核分裂衍生物之核廢料，這些核廢料最後仍須送至地底深層之置放場做永久性的掩埋。當然對這類最終少量無用的核分裂衍生物，也可選擇工程比較簡單的鑽孔式超深地底掩埋井，做為永久掩埋的方式。

　　與鑽孔式超深層地底掩埋井相比，隧道型之地底掩埋設施雖然工程浩大，建設費時成本又高，但仍有其重要性與必要性。因為隧道型之設施具備兩大重要特色，是超越鑽孔式掩埋井的。這兩大特色是：1. 置放容積大，2. 所存放的用過的核燃料，可以在以後決定要再取出提煉時，比較

容易取出。基於這兩大特色，隧道型設施更能適用於他日存放國際核燃料同盟之使用過的核燃料。

如果一個核電大國之核燃料廠家，在市場上成功的實施了核燃料租用的機制，在他國或外地對當地國租出核燃料，讓該國之核電廠使用。在租用期限期滿後，將依約回收核燃料，回收之後，用過的核燃料勢必須運回原產地，或所棣屬國家。一個核電大國必須具備隧道型之地底存置設施，有能力與機制把回收使用過之核燃料，做永久掩埋，或準備他日取出再從事提煉之用。於是，核電大國若有廠商準備發展國際核燃料租用之商業模式，該國必須要有已經建設完成的隧道型核廢料地底處置設施。

同樣的道理，一個國家，而往往也是一個核電大國，若成功的在國際市場上，用海上浮動船舶核能電廠的商業模式，只銷售船上核能電廠的輸出電量，逕行駛入他國海域，傳送電力給當地國家。而船隻上的核能電廠，在發電多年後，仍須駛回原核電大國，換出使用過的核燃料，負責處理這些核燃料之最終去向。此刻，也往往需要原廠國家的隧道型核廢料地底處置設施，來置放使用過的核燃料，這個需求，與核燃料出租之商業模式的需要是完全相同的。所以在整體核燃料循環的機制裡，建設隧道型之地底核廢料之處置場是勢必在行的。核電大國所考量的國際策略，包括了國際核燃料同盟、核燃料租用模式、海上浮動核能電廠之售電模式，都需要有隧道型地底掩埋設施做為後盾。

(五) 發展加速器驅動次臨界核反應爐

加速器驅動次臨界核反應爐在歐洲發展的很快，歐盟現在在比利時建設一個這類的大型實驗核反應爐，目的是在商轉前，要印證這類核反應爐的概念，也就是要從外界引進高能質子，與核反應爐爐心的撞擊靶元素，發生碰撞而生出許多中子，作為核反應爐之中子來源，有效的驅動一個次臨界核反應爐。這類特殊的核反應爐以鈽為主要燃料，加上高階次錒系元

素核廢料為次要燃料，不但可以發電也同時呈現高效率消耗高階核廢料的特色。這類核反應爐在日本、中國與法國都被積極推廣，並且也進行了具有規模實驗型的測試。

核電大國須積極發展加速器驅動次臨界核反應爐，因為，這類核反應爐在核燃料循環的佈局中占重要地位。它的作用是做更有效率的焚化核廢料，針對焚化的能力，這類核反應爐與快中子核反應爐作比較時，後者在消耗核廢料的效率上是屬於消極性的。換言之，下一代的快中子核反應爐的確有能力可以消耗自己核反應爐產生的核廢料，但是用來消耗或焚化這一代輕水核反應爐已經產生的核廢料，其處理的容量有限，並不足以消耗這數十年核能電廠所累積出來的核廢料，因此要達到有效率、積極、全面性的消耗廢料，必須要依賴加速器驅動次臨界核反應爐，作積極性的焚化核廢料，才能消耗現代核電廠所累積的核廢料。

因為這型核反應爐也依賴快中子做為運轉之媒介，必須要使用鈽為燃料。所以，也是一種能夠消耗鈽存量的機制，在推廣國際核燃料同盟之際，加速器驅動次臨界核反應爐也是一型防範核武擴散之理想選擇。

(六) 成立核廢料專屬機構

核電大國處理核廢料之任務應該隸屬一個獨立機構，其職權與工作應該專注於核廢料處理有關的所有一切事物與議題，這獨立機構的預算與經費應該有獨立來源，而不受任何其他政府部門之干涉或影響。這個主張的基礎是出於，核廢料的產生是近七十年的新產物，所涉及的議題全部有其獨特的特色，包括了物理上、化學上、醫學上、政治上、軍事上與經濟上的特殊性質，與國家所面臨的任何其他議題迥然不同，所以核廢料處理與處置必須依賴一個能夠獨立作業，有獨立經費來源的機構才能順利達成任務。成立一個這樣的國家獨立機關，專門管理核廢料也需國會立法而得以成立，並且賦予獨立預算，進行其專屬之運作。

(七) 積極發展多元核能應用

　　核能除了可以用來發電之外，還可以有其他廣泛的用途，例如可以做為醫學上診斷或治療的應用，在工程上做測量用，在日常用品上做電路應用，如製造成防火用的煙霧偵測器就是一個例子。核能其他應用也包括了製成核能電池，做為在火星上探測車的電源，甚至可以進一步發展超小型核反應爐，應用在太空探索的任務上，在月球或火星上建立核能發電站。這一切的發展都與核廢料處理或核燃料循環息息相關，因為這些應用都依賴一些有特色的放射性元素，做為主要元件，而這些元素必須從核廢料中提煉而出，而在其他星球上所建造的超小型核反應爐，也必須使用高濃縮度的鈾做燃料。這樣的需求與核燃料循環或核燃料製造技術有密不可分的關係。一個核電大國在執行核燃料循環的計畫之際，也更須積極發展多元化核能應用，一則可以促進核燃料循環機制的運作，再者，可以提升使用過的核燃料或核廢料的價值，從核廢料會計學的角度來看，核廢料的價值增加，是因為資產表內的資產項目增加。同時，從財經的觀點來看，成功的發展出多元的核能應用，也可視為核能市場的增大，而增長了核廢料貨幣之流通性，對核燃料同盟的所有盟國都做了貢獻。

(八) 完成立法程序以便接納燃料租用機制之核廢料

　　美國是核電大國中有領導力的國家，許多新科技都發源於美國，而核能也不例外，未來的一些核能發展的新導向若由美國啟動與推廣，會容易在世界各地普遍實施，實踐國際核燃料同盟也是其中一個重要的項目。但是，因為美國是一個民主的社會，許多涉及國家策略的機制之形成與推動須以民意為基礎，才能有所依據而得以落實。而民意的落實需經過立法的程序，通過法案的成立針對某一議題的執行達成共識以後，才能有所法律依憑來進行實質的執行方案。目前，核廢料深層地底處置場地的建設與使用，就屬於這類項目。但是因為這個項目現在面臨一些以前沒有面對過的

新議題，所以在法源依據上需要做一些修正，才可以使得核廢料深層地底處置場地的建設與使用，在執行新議題的解決方案時，有正當性。目前考慮的新議題有：1.彌補1982年美國核廢料政策法案所沒有包涵之考量，2.准予置放核燃租用機制下所產生的核廢料。這兩個議題在下面有更詳細的說明。

1. 修正法案立法納入居民同意條款

美國1982年的核廢料政策法案（Nuclear Waste Policy Act），是一個非常正面的立法。這個法案不但把美國所有核能發電產生的核廢料在權責劃分上做了明確的定位，清楚的表示美國政府會全面負責處理所有核廢料。不但如此，也在經費上批准款項，做建設地底核廢料處置場地之用，同時也列下條款指示能源部的一系列工作，包括了覓址，做現場質地人文之分析，與從事建設工作，這是一項鼓舞人心的立法，對核能發展有積極的影響，工作也在四十年前開始了。

美國能源部花了二十年，在覓址，選擇了適合場地，做了當地之地質人文分析工作上，花了不少工夫。事後，也大興土木，在內華達州之猶卡山建設了一個頗具規模的地底核廢料處置場，不料在工程尚未完工之前，正在進行安全審查之際，這個工程遭到地方性激烈反對，而無法進行。歐巴馬總統因此下令停工，使得全案停工迄今，整個工程變成懸案，至今也有二十多年。

近十年來，美國有不少智庫花了不少工夫在研究討論這項議題，希望找出問題的癥結，也努力尋找解決之道，參與研討的團體包括了歐巴馬總統下令組成的「藍彩帶委員會（Blue Ribbon Commission）」，囊括政界與學界有智之士，其目的是冀望大家集思廣益之餘，可以向政府提供解決方案。這一切的發生意味著所面對的議題有其嚴重性與複雜性，可是在近十多年內，這個議題卻沒有明顯的進度。然而就在近年，出現了三個成功的案例，給這個多年沒有進展的議題帶來解方。這個解方也可能會演變出能夠做為長期遵循的法則，來解決地底處置核廢料多年所面對的政治難

題。這三個成功的案例是在芬蘭、瑞典與美國卡斯白鎮，這三個地方都建設了地底核廢料處置場，也得以順利進行了使用的進度。這三個成功案例有一共同的特質，就是該地在覓址擇地之初期，就先得到地方居民之同意，繼而讓居民參與建設之過程，也讓居民與地方政府分享到所應獲之權益，這就是「居民同意」這一名詞的來由。這個名詞的意義就是在工程初期之前，先取得「居民同意（Local Consent）」，之後再進行全面工程，這也是這三個成功案例的共同特點。針對這個關鍵性的步驟，很多專家對這三個案例實際所發生的情況做了不少分析，所得到的共同結論是，如果美國再重新覓址，在新地點建設地底掩埋核廢料處置場地之前，所必須進行的第一件工作就是先取得地方居民同意，才有成功的條件。於是，美國能源部有了這個新認知後，開始重新調適策略，部署以「居民同意」為出發點的原則，開始覓址，做重新建設核廢料地底處置場地的準備。

　　但是猶卡山未能順利進行的真正原因是，在美國這樣的民主國家裡，反應出一個民主社會中，在執行國家策略的流程中，缺少了一個必要的步驟。那就是在建設這型工程之前，沒有顧及民意基礎，而這個前所未有的缺失，會出現在美國的民主社會裡，都是因為這樣的建設是一個前所未有的新類型工程。美國所面對是一個人類以前從未面對過的問題，那就是，居民害怕輻射而反對把核廢料處置場建設在自己的家園。在猶卡山全面表達了地方民意之後，引起爭論，而導致工程停頓。這發生的一切，也是在 1982 年美國核廢料法案通過時並沒有想到的，就沒納入考量。於是在猶卡山工程完成前引發了爭議，導致了方案的延誤，核廢料的法案意欲執行策略無法完成，也是當初在立案之時始料未及的。但是，這是一個層面較廣的議題，也必須要在更高層次的角度做改進，才能真正解決問題，使得解決方案得以順利進行。

　　更高層次的改進是要在立法上做更正，才能有效的執行核廢料法案的原意。換言之，法案需要修正，得注入「居民同意」的精神於法案中，才能適當的的更正原來所沒有考慮到的情況而造成的缺失。更重要的考量

是，因為當初缺乏取得地方民意的步驟，而導致猶卡山方案的停頓，造成時間與費用的損失，這些損失必須藉由法案的修正，得以彌補以便注入更適合的新預算，以用於重新覓址與再建設地底核廢料地底掩埋場的經費，使得建設地底核廢料處置場地之計畫，得以重新順利進行。目前美國能源部所進行的以「居民同意」為主之考量所進行的方案，是在了解問題之癥結後，意圖改善原來執行的方向，但是這也是初步的規劃，而欲重新覓址，再開始全面建設地底核廢料處置場地時，所需要的是，更大與更正式的規劃，與更多的經費，才能達成 1982 核廢料法案的原始目標。所以核廢料法案有必要做適當修正，與核准所需經費。

2. 修正法案立法納入接受核燃料租用機制之核廢料

在美國的核廢料法案的框架裡，建設地底核廢料處置場地的目的是針對國內民用核能電廠產生的核廢料，作他日處置之用。而處置場的使用，並不包括其他來源的核燃廢料。如果地底核廢料處置場地用來掩埋或儲存其他來源的核廢料，那麼，原來的法必須修正，以便加入不同來源核廢料使用之權限或機制。不同的來源包括了核燃料租用機制與海上船舶式核能電廠，駛往他國作銷售電力之用。兩者的運作機制，在運行期滿後，都需要核廢料儲存地來處置所產生出來的核廢料。

美國以核電大國的身分，在主導國際核燃料同盟之際，有大力推動防範核武擴散機制的意向與能力，而國際核燃料同盟的其中一大功能，是能夠控管各地或各國含有鈽的核廢料，達到防範核武擴散的目的。而核燃料租用機制與海上船舶式核能電廠最後回收核廢料的安排，是更有效的防範核武擴散措施，但是燃料租用與船舶式核能電廠的機制，往往是以營利為主的商業模式。所以最後回收的核廢料，並不隸屬美國核廢料法案之範疇，所以在這法案的議定下，所建設的地底核廢料處置場地，在法源依據上，並不完全適用於處置國際商業模式下所產生的核廢料。但是，防範核武擴散也是國家政策，它的實施也有當務之急，因此在原法案下的建設，用來處置國際核商業核廢料，也符合國家政策與長期利益，因此現階段之

核廢料法案應作更進一步的修正，以便適用於處置國際商業機制下所產生的核廢料。

　　以上所敘述的法案若得以修正，有助於國際核能發展的商業機制，使得核燃料租用機制與海上船舶式核能電廠租賃模式，不再有後顧之憂，對世界核能發展有積極的提升作用，也同時實現了防範核武擴散之目的。

8.3　非核電大國之考量

　　世界上稱得上核電大國的國家大概不超過十個，但是非核電大國已有大約近三十個。這些非核電大國的國家，有的已經有核能發電廠，有的尚未建設核能發電廠，但已經公開表態要發展核能。這些國家有許多共同點，那就是他們基於財力的限制、政治上的壓力、缺乏所需要的技術，或者尚未進行長期規劃，而沒有意願開始投資，來從事發展從核廢料提煉再生核燃料的能力。於是這些國家，在使用核能發電之後，可以選擇參加國際核燃料聯盟，與國際接軌，共同解決問題也可共享資源。這是一個可行之道，因為，一則可以不必面對處置核廢料的難題，再者又可以不必做昂貴的投資，來發展核廢料之提煉技術，但仍然能得到核能發電的經濟效益，而且核廢料內所含的可再利用物質之市場價值，也可以在國際核燃料同盟的機制裡被認證後，而賦予貨幣性的流通性，被視作他日可以使用之資源。

8.4　非核電大國之執行藍圖

　　一個非核電大國使用核能發電後，必須先要有完整的觀念，才能夠在執行一些政策性的任務時，不會陷入因為缺乏遠慮而處處陷入近憂之窘

境。在面對處理核廢料的議題時，若持有正確的態度與完整的資訊，即可擬定出對國家有利的遠程計畫，而設計出對核廢料處理的近期執行時間表與工作項目。換言之，有了完整的觀念，在制定處理核廢料政策上，才能完全符合國家現在與未來的經濟效益，也顧及到這一代與後代之福祉，同時又可以與國際接軌，藉著參與核燃料共同市場的機制，而可獲得最大利益。所涉及的觀念與機制已在前面做了詳細的敘述，一個非核電大國在處理核廢料時，所需要依循的執行藍圖，在此做一個總結，包括的項目列舉如下：

1. 成立「核廢部」，或「核燃料管理局」。這是一個專職管理全國用過的核燃料的機構，它的職責是把歷年所有使用過的核燃料棒，立案造冊，登錄所有使用時間之長短，使用之時期，與使用時燃料棒在核反應爐內之位置，並進行分析與驗證，核燃料棒內的成分，前面有對這項工作的內容與意義有詳細說明。這項工作的目的有二：(1) 在核廢料會計帳冊內，正確反映出其價值，以方便國家對其價值的認定，也利於他日對核廢料在處置的決定時，做為依據。或者在國家參與國際核燃料同盟時，用來做為所輸出之核燃料棒價值認證之基礎。(2) 由於做核廢料處置決定所需時間，或是在決定執行某項處置方案所需的時間，往往長達一，二十年之久，造冊內容的資料，數據都有必要傳給下一代，成為下一代或數代以後的資產之依據，所以現在造冊的工作有其必要性與重要性。

2. 國家需立法設定政策，確實建立對核廢料的長遠計畫，正確的觀念與執行策略。立法的目的是這一些機制或方案的制定必須是跨黨派的，也必須是長期性的，而非短期政治性的，而不受執政者更換之影響，因為核廢料的價值屬於科學性，核廢料處理或處置的方式與策略，也不可以因為涉及時間的長久性，而隨政治團隊的更換而有所改變。

3. 須積極儲備核能科技人才。未來的世界將會廣泛使用核能，核能因為有著高密度的能源，一個國家能夠有智慧的發展與使用核能，就能夠給民眾帶來更多的福祉，而走在世界經濟發展的前端，一個核能不發達的國

家也需訓練儲備人才，至少能夠與國際接軌，而不至於落後太多。

4. 積極尋覓與參加國際核能協議或聯盟，這是因爲核能科技發展的時間尺度是跨世紀的，空間的尺度也是跨國的，核能技術必須依賴國際跨國交流，才能得以增長，核物料資產必須依靠國際核能物資交流與處理在得到認定與流通之後，核廢料資產的價值才能得以認可，這與國際貨幣必須流通，才能達到經濟上的認知與價值認可的原理是相同的，前面有對這個概念詳細的說明。

5. 積極尋覓長期性暫時性的儲存核廢料之地點，貯存的方式，包括乾式貯存與地底存放。長期是指時間可達五十年左右之久，暫時的意思是，現在尚未決定是否要永久掩埋或是要取出提煉做燃料循環的進行，一切的處置都屬於暫時性的貯存。

9章

核廢料啟發性的觀念

眾人排斥核廢料因為它含有高度輻射物質，大家懼怕受到輻射照射會危害健康。所以人人都希望核廢料放置在偏遠地區，遠離塵囂，或者完全被掩埋於地底，而且愈早處理掉愈好。甚至有人因為懼怕核廢料的產生而反核，因為核廢料是核能發電的產物，雖然核能發電也只有 70 年的歷史，世界各地的核廢料也在近三十年累積到一個可觀的數量，造成處置上的難題，更讓人更有藉口反對核能。況且大家對輻射的恐懼除了來自核廢料之外，也來自第二次世界大戰投擲於日本的原子彈，所帶來的輻射對人體的極大傷害，使得世人對輻射產生難以抹滅的恐懼，衍生反核心理，這些因素都促使眾人極度排斥輻射與核廢料，而希望核廢料能夠被早日處理掉。

眾人排斥核廢料的心態是完全可以理解的，但是這樣的心態已經日益減退。其主要原因有三：1. 近數十年裡，因為受核廢料的影響而危害到人們健康的案例並不多。2. 核廢料的輻射很容易隔離。3. 處理核廢料的方法不少，現在各國都在選擇最佳的處理方式上，希望做出最好決定。

防範核廢料的輻射不要導致危害人身健康是重要的議題，而探討核廢料究竟能不能給人類帶來福祉，或者能夠帶來什麼益處，也是不可忽視的的課題。畢竟，許多有工業用途與醫學使用的輻射性同位素，還得從核廢料中提煉出來，所以核廢料的價值也不能夠抹滅，甚至有許多輻射性元素的實用功能仍有待發掘與證實。研究開發核廢料中的許多元素的功能，為人所用，也將會發展成一門科學。如何善用其功能來設計製造成實用的產品，也會成為新興科技，這些都會在未來的數十年內，愈來愈趨向更多的發展。

9.1　愛因斯坦不管如何進行質能轉換

從質能轉換的機制來看，輻射性元素扮演的角色是個直接的連續性的質能轉換，因爲輻射性元素釋出的的輻射就是能量的顯象。同時，輻射元素的質量也隨著時間與能量的釋放而逐漸減少，這是一個高效率的機制，進行著質能轉換。

質能轉換的機制不是隨時隨地都能造就的，當愛因斯坦 1905 年發表了狹義相對論，他用了光速在靜止座標軸與運動座標軸不變的假設，與光線動量在不同座標的關係公式，就導出了 E = MC^2 這個公式。這公式是出現在那個時候，完全是物理上的一個觀察，與在數學上運算上提供了方便，因爲它代表著一個新穎的觀念，那就是，物質本身就是能量。針對當時盛行的物理觀念，動能與位能，這個新觀念是極具突破性的。但是，在那時科學家並不知如何能夠把質量轉換成能量，也沒人在意要否需要去進行這類的轉換。

在 1932 年英國一位物理學家詹姆斯查兌克（James Chadwick）發現了中子。1938 年科學家莉斯麥特尼爾（Lise Meitner）、奧圖費許（Otto Frisch）、奧圖漢（Otto Hahn）與費茲史察斯曼（Fritz Strassmann）發現核反裂反應。1942 因瑞可費爾米（Enrico Fermi）依據這些認同的核分裂反應，在芝加哥大學的臨界核反應堆（Critical Pile CP-1），利用了鈾 235 核分裂的特質，中子的媒介，成功的進行了連鎖反應，使這個實驗型的裝置，印證了核反應爐設計所必需的條件，開始了核能時代。接下來數十年核能發電廠的建設，讓人類開始眞正利用到核能，都是因爲 CP-1 核反應堆的印證，成就核反應爐的雛形設計。事後，世界各地開始建造發電用的核反應爐，這些核反應爐的運行，成就了質能轉換的機制，而在這一切發生之前，質能轉換的機制是不存在，人們也不知道如何進行質能轉換，因爲那時候質量就代表著能量只是一個物理上的概念而已。

重點是要達到質能轉換的目的，必須要經歷許多大費周章的工程設計與建設，才能完成質能轉換的機制，而達到質能轉換的目的，要達到這個目的要付出的代價是可觀的。

核反應爐運行後，會產生核廢料，核廢料含有無數的輻射性同位素。這些同位素的輻射代表著高效率的質能轉換，這個物理現象有重大意義。可惜的是人們因為懼怕輻射而不注重這個物理現象，而一昧的排斥輻射，也拒絕對放射性同位素做進一步的研究與探討它們的特色與使用性，更不會做全面性的計畫，朝科技成品商業化的方向做研發性的投資，使得這方面的科學無法向前邁進，許多有用的科技無法得以全面發展。

9.2　輻射意味著連續性質能轉換

核反應爐是個龐大的機器，負擔著質能轉換的任務，而核反應爐的設計、製造與運作需要花費鉅額的成本。如今核廢料裡已經產生了許多同位素，這些同位素能夠持續的釋放能量，不必再花費鉅額的投資就可以實踐質能轉換的機制，所以核廢料是一項可以善加利用的資源，例如鈽 238（Pu238），同位素已經被用在火星上的探測車中，做電源用。而科學家目前也正在考慮用鋂 241（Am241）同位素，也做同樣的安排，設計成核能電池使用，送上月球與火星。同時，這項同位素也已經用在商業用的防火煙霧偵測器中，不但在工業界被廣泛的使用，也被民眾裝置為一般家庭之用。這兩個同位素只是簡單的例子，用來說明輻射性同位素是可以被利用的。

9.3　化學週期表須增加一個元次

　　化學週期表一向是化學家的寶庫，化學週期表把所有的元素排列在一起，形成很有意義，很實用的構圖。圖 9.1 是化學家所熟知的版本，也是正統版本的週期表，它有兩大特性：1. 在同一縱列所格子內的元素，他們最外層軌道，都有同樣數目的電子，所以有著相似的化學性質。2. 平日所用的，身體內所產生的化學成分或化學分子，例如有成千上萬的蛋白質、碳水化合物、化學品，都是靠著電子在許許多多的元素之間穿梭，結合成新的分子，或促使分子分離而再結合成不同的分子，如同億萬個電子游走在一個兩度空間的週期表的平面裡，扮演著製造各種產品的過程。

1 H																	2 He
3 Li	4 Be											5 B	6 C	7 N	8 O	9 F	10 Ne
11 Na	12 Mg											13 Al	14 Si	15 P	16 S	17 Cl	18 Ar
19 A	20 CA	21 Sc	22 Ti	23 V	24 Cr	25 Mn	26 Fe	27 Co	28 Ni	29 Cu	30 Zn	31 Ga	32 Ge	33 As	34 Se	35 Br	36 Kr
37 Rb	38 Sr	39 Y	40 Zr	41 Bb	42 Mo	43 Tc	44 Ru	45 Rh	46 Pd	47 Ag	48 Cd	49 In	50 Sn	51 Sb	52 Te	53 I	54 Xe
55 Cs	56 Ba	57 LA	72 Hf	73 Ta	74 W	75 Re	76 Os	77 Ir	78 Pt	79 Au	80 Hg	81 Tl	82 Pb	83 Bi	84 Po	85 At	86 Rn
87 Fr	88 Ra	89 Ac	104 Rf	105 Db	106 Sg	107 Bh	108 Hs	109 Mt	110 Ds	111 Rg	112 Cn	113 Nh	114 Fl	115 Mc	116 Lv	117 Ts	118 Og

鑭系元素：

58 Ce	59 Pr	60 Nd	61 Pm	62 Sm	63 Eu	64 Gd	65 Tb	66 Dy	67 Ho	68 Er	69 Tm	70 Yb	71 Lu

錒系元素：

90 Hh	91 Pa	92 U	93 Np	94 Pu	95 Am	96 Cm	97 Bk	98 Cf	99 Es	100 Fm	101 Md	102 No	103 Lr

圖9.1

　　對同位素而言，一個兩度空間的週期表已經不能夠完整的表達他們的特性，他們的存在需要一個三度空間的週期表。圖 9.2 是一個三度空間的

週期表。第三度空間的需要是基於每一個元素都有數個同位素，要把這些同位素放在週期表裏，來顯示出元素與其同位素的關係，週期表必須要用更深一層的描述才能有更完整的顯示出元素與其同位素的關係。

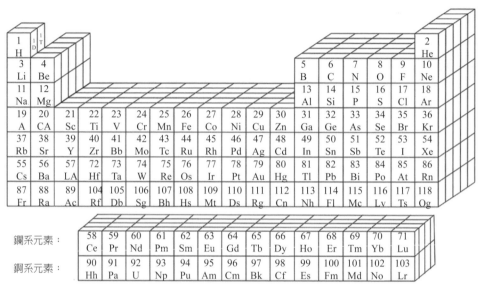

圖9.2

在週期表內的每個方塊裡，都定位了一個元素在內。若用想像力，把每個方格看成一個抽屜，每個抽屜裏面仍有向內部延伸的空間，空間向內部延展成數個分格，每個分格都是一個獨立的同位素，在同一抽屜內的同位素都隸屬在最前端表面方格中的元素，而有每個方格內的物質都是這個元素的同位素。

一、什麼是同位素

什麼是同位素？同位素就是對任何一個元素，與它有相同數目的質子

數，卻有不同的中子數的元素，稱之爲該元素的同位素。譬如碳元素，碳的質子數是 6，碳元素的符號是 C，碳的同位素有 C12，C13，與 C14。而 C12 的原子核內有 6 個質子與 6 個中子，因爲 6 + 6 = 12，所以 12 是它的總質量數，即中子數 6 與質子數 6 的總合。所以，中子數加上質子數就定義成爲質量數。再舉另一例子，C14 是 C 的同位素，它的質子數是 6，那質量數是 14，中子數 = 質量數減去質子數，即 14 − 6 = 8，所以 C14 這個同位素的中子數是 8，質量數是 14，質子數是 6。

因爲所有元素的質子數與電子數相同，而電子數決定了這個元素的化學性質，所以每一個元素的同位素的化學性質都與元素一樣，所以原來的兩度空間週期表內方格所存在的元素，因爲每一個元素的電子數都與其他的元素不同，所以每一個元素都有其特殊的化學特質，這也是原來的週期表，或者二度空間的週期表所要呈現的。因爲在同一抽屜內所有的同位素都有著相同數目的電子，他們的化學性質就完全一樣，所以在化學反應裡，任何一個元素其同位素的化學特質都完全相同。

但是每一個元素的同位素其核子特質都不同，這意味著每一個元素的同位素對核子反應，用中子爲媒介的核子反應都會有不同的結果。所謂的不同的結果有兩層意義：1. 不同的同位素與中子發生核反應後，其產物有所不同。2. 相同的同位素與中子產生核反應時，雖然其產物相同，但是產量會因爲中子在發生核反應時，因爲中子的能量的不同而有截然不同的產量。這意味著核子反應所牽涉的物理現象比化學反應要更涉及更深一層的物理現象。在核子反應裡，中子所扮演的角色也比電子在化學反應裡的角色更爲吃重，於是在核反應器裡，在設計上要有更多的考量，要設法把中子的能量也能夠得到掌控住，也成爲一個重要考量，以便達到預期的核子反應的效果。不同的核子反應效果就會產生不同的同位素，或在同一同位素的產量也會有不同，同位素也因爲他們的中子數的不同而呈現不同的物理性，不同的物理性，就會有不一樣的特質，被利用來做不同的應用時，就可以發揮其特色而做成不同的產品，重點是每一個同位素都有其單一的

獨有特質。

再來用一下想像力，把原來的週期表，試想成是一個平面的，兩度空間的表格，其主要目的之一是展示一些元素的化學共通性，所有排在同一縱行方格內的元素，都有極相似的化學性。他們化學相似性的原因是，這些元素在原子最外層軌道的電子數目都一樣，因此位於同一縱行的諸元素，進行化學反應時，有極相似的結果，或產生出化學性很相近的產品。這都是因為化學反應的主要形式或理論基礎，都是依靠這些元素在做他們之間的電子交換，而完成了化學反應。

若把週期表的表面看成很多抽屜門面堆砌起來的方格，在這些方格的表面才是電子能夠發生交互作用的範圍，在我們日常生活中的所接觸到的，千千萬萬的化學反應，都存在於週期表的表面上，一切都是由電子為媒介的，物質變化所存在的一個二度空間裡。

繼續施展一下想像力，可以把核子反應想像成都歸屬在一個三度空間的週期表內發生的物理現象，這些物理現象都發生在週期表的內層裡，或者被看成一切都發生在抽屜門面以內的格子裡，或深入內層的空間裡。中子不再像電子一樣，只在門面的表面游走，而是穿梭內層的空間裡，而且所涉及的反應，不但只有改變原來參與化學反應的元素之間的電子分布，而且由中子主導的核子反應還能改變了所參與元素的質子數，意味著原來的元素都改變了。

舉個例子來說明化學反應，碳烤香腸的碳也是用來做火力發電的碳，在週期素的位置是從邊算來第五縱行最頂端的元素，英文符號是 C。碳點燃了，就是與空中的氧產生了化學變化，產生了二氧化碳與熱能，所產生的熱烤熟了香腸，也把鍋爐裡的水加熱，產生了水蒸氣，藉此推動了渦輪與發動機發電。這個產生二氧化碳的化學反應，就是一個在碳原子最外層的電子與二個氧原子的最外層的電子，一起組成了新的、共同的軌道，把這一個碳原子與二個氧原子都套牢在一起，形成了二氧化碳的分子。氧元素在週期的位置是從右邊算來第三縱行的頂端，這兩個元素結

合的化學反應，是依賴著呈現在週期表表面的諸元素之間的電子交換，或重新分配而促成的。化學反應有一重要的特質，也就是與核子反應有非常不同的一個特點，那就是反應前的元素與反應後的元素都一樣，碳燒的這個例子，就是在反應之前有一粒原子的碳元素與兩粒原子的氧元素，反應後也是有一粒原子的碳元素與兩粒原子的氧元素，只不過是這三粒原子結合成了一個有三粒原子的分子，這分子被稱爲二氧化碳，但是元素並沒改變。

再另舉一例來描述核子反應，這類反應的元素會在反應的過程有所改變，反應的媒介不再是電子，在核反應器內進行的核反應多數是以中子爲媒介，若用週期表的位置來呈現核子反應，這些反應都在視爲三度空間的週期表中進行。下面的一個核反應是用來做一個例，來解說這些論點。

$$14N + n \rightarrow 14C + 1H$$

氮常見的同位素有氮 13，、氮 14 與氮 15，即 13N、14N 與 15N。碳常見的同位素有碳 11、碳 12、碳 13 與碳 14，即 11C、12C、13C 與 14C。上面這個反應是一個核子反應，可能在核反應器內進行，核反應器內有許多中子，中子與氮 14 產生了核子反應後會變成了碳 14 與一個質子，1H 也可用來表示一粒質子。顯然的，這個反應前與反應後的元素都不同了，這個是與化學反應極大不同的。

用三度空間的週期表來描述核子反應之前，先來確定核子反應前與反應後，參與元素在週期表的位置。先來找氮的位置。氮的抽屜位置是在週期表門面從右邊算來第四個縱行的頂端，拉開抽屜，可以看出從外層的表面到內部分成三格，分別是氮 13、氮 14 與氮 15。碳的位置是由右邊算來第五縱行的頂端，拉開了抽屜，從外到內分成四格，分別是碳 11、碳12、碳 13 與碳 14。

前面所舉的核子反應的例子，是描述一粒氮 14 與中子發生了反應

後，會產生出一粒碳 14 的原子與一粒質子。氮 14 與碳 14 在週期表內層的位置，正好可以從這個三度空間週期表的屋頂上從下看，就可以看到氮與碳的置放其所有同位素的抽屜內部，也包括了氮 14 與碳 14 的格間，這樣的描述是解說了參與核子反應的同位素，都存在於一個三度空間的週期表。所以所有元素的同位素必須要用一個三度空間的週期表來完全表達他們的存在，這也說明了核廢料的產生造就了無數的同位素，而且每一個同位素都有不同的物理性質，它們釋放的能量有不同的能階，也有不同的性質，這意味著核反應爐產生的核廢料的功能，必須要從另一個角度來看，那就是這些同位素除了能夠連續執行質能轉換的任務之外，每一個同位素轉成能量的方式都不一樣，釋出的能量之特性也都不一樣。這些特質如果能夠被一一善加利用，將會給人類帶來更多的福祉。

這些討論也包括了一個隱性的議題，核反應爐在產生核能的同時也產生了廢料。殊不知，產生這些廢料的過程也是一個重要的機制，靠著這個機制，能夠產生不少的同位素，與各式各樣的同位素，雖然這些同位素有輻射性對身體有害，但是輻射是可以防範的，可以用工程的設計可以完全阻擋輻射使人不受其害。而同位素的應用會給人類帶來更多福祉，它們的研究與產品的開發將會是未來的一項新科學。

二、所有輻射元素天生我材必有用

天生我才必有用，這句話的意思是人人在世，不論其年齡、地位、資質，都在某一時段，遲早會有機緣對社會做出貢獻。對同位素而言，這句話也能夠適用，世界上所有元素都有獨特的化學特性，而有不同的功能，同位素是從化學性延展出來多出的一個元次，因為它們的在原子更深層的原子核有著不同的結構，而顯出更多不同的物理上的特性，一一探討出這些所有獨特的特性是值得開發的一項科學。所有的同位素，有朝一日，都

能研究出它們的物理特性，發展出它們各自有應用性的科技。表 9.1 所列出來的是一些同位素與它們目前已知的應用，分別展現在科學研究上、醫藥研發上、身體檢查上、癌症治療上與國防安全上的利用價值，做了有效益的使用。

表9.1　各種應用的同位素

元素名稱	英文符號	質子數	英文名	原子數
醫學研究				
鐵	Fe	26	Iron	55
鎝	Tc	43	Technetium	96
鋅	Zn	30	Zinc	65
檢驗影像				
鎵	Ga	31	Gallium	68
釔	Y	39	Yttrium	86
鍶	Sr	38	Strontium	82
鎘	Cd	48	Cadmium	109
鐵	Fe	26	Iron	52
鉬	Mo	42	Molybdenum	99m
硒	Se	34	Selenium	72
碲	Te	52	Tellurium	123m
氙	Xe	54	Xenon	129
銫	Cs	55	Cesium	134
癌症治療				
銫	Cs	55	Cesium	137
碘	I	53	Iodine	131
鈷	Co	27	Cobalt	60
釔	Y	39	Yttrium	90
銥	Ir	77	Iridium	192
錒	Ac	89	Actinium	225

元素名稱	英文符號	質子數	英文名	原子數
砈	At	85	Astatine	211
鉛	Pb	82	Lead	212
鉍	Bi	83	Bismuth	212
釷	Th	90	Thorium	227
鐳	Ra	88	Radium	223
鎦	Lu	71	Lutetium	177
銅	Cu	29	Copper	67
工業用				
銫	Cs	55	Cesium	137
鈷	Co	27	Cobalt	60
銥	Ir	77	Iridium	192
國家安全				
鋰	Li	3	Lithium	6
鎳	Ni	28	Nickel	63
監測中子流量				
鋰	Li	3	Lithium	7
鈾	U	92	Uranium	234
探測新元素				
鈣	Ca	20	Calcium	48
鉳	Bk	97	Berkelium	249
鉲	Cf	98	Californium	251

　　美國能源部旗下有一個全國性的同位素發展中心（National Isotope Development Center），這個機構的任務是負責同位素的生產，他們的工作包括了對這些同位素生產技術的研究，與發展它們在能源、醫學與國家安全方面的應用，這個同位素發展中心針對約 90 個化學元素，都已經能夠生產出來它們的的同位素，世界上已知的的化學元素共有 118 個。這意味著，針對世界上大部分的元素，現在都可以製造出它們的同位素。但

是，由於每個元素的同位素的數目都不同，而且也不是所有的同位素現在都有科技能力生產出來，或知道如何製造。同時，也可能對許多同位素還不知道如何應用。譬如，顯示於表 9.2 內的是針對某一些元素，列出它們的同位素當作例子，這些同位素被列出來，是因為它們的用途已被確定，也是這個發展中心所能夠生產而可以供應的。但是還有許多元素，仍有其他同位素的存在，並沒有被開發。因為這些其他的同位素在技術上尚不能做有效率的生產，甚至它們的功用也未完全掌握。這一切都是有待未來進一步的努力，來一一找出它們所能夠被利用的領域，而發展出有用的產品。

表9.2　已知同位素與未知同位素之對比

元素	符號	質子數	英文名	已知功能之同位素	主要用途	所有同位素之總數
鑥	Lu	71	Lutetium	Lu171、Lu177	醫治用，科學研究用	40
錒	Ac	89	Actinium	Ac225、Ac227	治療用	33
鎝	Tc	43	Technetium	Tc99m	診斷用	36
釔	Y	39	Yttrium	Y86、Y88	工業用	35
鉈	Tl	81	Thallium	Tl_2O_3、Tl_2O_5	診斷用，工業用	41

三、核廢料愈來愈有價值

　　討論同位素的用途有一個重點，那就是許多可以應用的同位素之來源，是出自核廢料，所以核廢料雖然會產生輻射，但是輻射可以被隔離，其對人身健康的危害可以防範。但是基於核廢料中蘊含著無數的同位素，可以作各方面的應用，它們的價值，有的目前已經顯示出來，有的會在未來開發而被認證。不論現在或未來，同位素的在醫學、工業與民生方面的

使用都可以給人類帶來更多福祉。因此，核廢料之保存以供日後發展之用仍有其必要性，這必要性可以從下面的角度來看：

1. 從處理核廢料的策略來看，存置核廢料的場地，仍須設計成能夠包括他日取出再提煉的機制。
2. 從核燃料循環的角度來看，一個國家累積的核廢料，也會因為有效使用同位素的科技之精進，而增加其價值。

9.4 怕輻射而排斥核廢料是不必要的

　　許多人因為懼怕輻射而反核，也因為核廢料有輻射而排斥它，這些心態都是不必要的。因為超標的輻射的確會危害身體健康，但是這是可以防範的。許多防護措施對避免輻射造成的身體傷害一直都是很有效果的，而且這自從有核能以來的數十年裡，人體因為受到輻射而影響身體健康的案件並不多，所以因為輻射而反核或排斥核廢料是不必要的。

　　不但如此，低劑量輻射甚至會對人體健康有益，這個說法並非無稽之談，而是有科學根據的。近十年學界與業界的發現，低劑量輻射的確會延長壽命，這個發現的基礎，除了是根據日常生活的觀察之外，也有許多科學性的數據來印證，尤其近年有許多嚴謹的研究，對這個論點的支持日趨成熟，對這類議題的報導也漸漸引人注目。2017 年美國核能學會在九月份的學會月刊上登出了一篇在科學上舉足輕重的文章，作者是「Cuttler and Hannaman」，這篇文章在醫學上也有著不同凡響的意義，因為文章明確指出大多數人若承受到高於一般自然界背景的輻射，這些人的壽命會因此延長達 20%。間接的說，在核電廠工作的員工與實施放射性治療的醫院員工，他們的壽命會比其他人長 20%。這文章舉出了這種情況的科學基礎，是基於高於背景的放射性進入人體後，會對人體產生類似打防疫

針的效果，使人體能增進消滅癌細胞的能力，這一切可以支持一個重要論述：人們對輻射只要有警覺性的防範它的危害，就不會受到影響而不必懼怕輻射。

一、低劑量輻射的健康效應

這裡要敘述一個低劑量的輻射會增進身體健康的故事，這是一個眞實的故事，故事長達 20 年。它值得報導的原因是，這個故事形成了一個完整的科學研究案，所經歷的過程依照完整的科學處理方式，所收集的資料與數據相當完整，所有個案的追蹤與事後的分析，也完全附和科學研究的程序，而且參與的專家與學者聯名發表了一篇學術論文，發表的期刊也是一個有聲譽的學術期刊。這個故事在科學研討上，占著極其重要的地位，還有另一重大原因，基於它的代表性是很難在近代再做重複一次，因爲輻射在人身上的反應，會受其他環境與與社會外加因素的影響，而增加複雜性。例如，當一群有共同特點的人群可能因爲接受了低輻射劑量而促進了身體健康之際，又可能因爲那一群人有抽煙的習慣，或都長期生活在用石棉作隔熱材料的環境裡，導致了癌症死亡率的增加，因此對這群人做研究的案例，增加了更多複雜的因素，因而，以這群人員做這類研究的結論，很難得到有一致性的科學答案。這些例子，說明了下面要敘述的這個故事，爲什麼有其科學性的地位。

(一) 建築材料內鈷60的汙染使人長壽

1980 年代，台灣發生了一個公寓大樓受輻射汙染的事件，很多公寓的材質發現含有輻射的鋼筋，公寓的居民住在輻射的環境中並不知道這種情形，受到影響的居民大約有一萬人，涉及的公寓有 1700 戶，分散在各城市的大樓裡，受到汙染的公寓共 180 幢。因爲這些居民當時並不知情，

而是經過許多年才陸續發現，所以這個輻射鋼筋的事件持續了二十年。

鈷六十這個放射性元素除了可以用在醫療上使用之外，在工業上也有用途。在鍊鋼時可以被用來做某些測量用，輻射鋼筋發生的原因並不完全了解，一個很有可能的猜測，是可能在某次鍊鋼過程中，鈷六十落入鋼材中而未察覺，造成了有輻射的鋼材，用在蓋這 180 幢公寓大樓上。雖然輻射鋼筋真正形成的來源並不明確，但是可以測出輻射源是鈷六十，它的半衰期是 5.3 年，也就是說，每過 5.3 年，它的輻射強度就會減半，這是個重要資訊，它會被用來推算這些居民所接收到的輻射劑量，因為在二十年內輻射強度會持續下降，再加上居民作息習慣的模式也須掌握，才能成功的完成計算程序，而正確的推算出居民實際接收到的輻射劑量。

(二) 發生什麼事

事件的開始，是一個公寓在偶然的情況下被測量到輻射，從而知道輻射鋼筋的存在，台灣的原子能委員會與核能研究所都參與了調查，用科學方法來估算，受影響的居民所接收的輻射劑量。由於這 180 幢公寓大樓的輻射狀況是在二十年內陸續被發現，所以受影響的居民所經歷的時間各有不同，從 9 年至 22 年不等，直到最後一幢大廈在 2003 年拆除後，整個事件才告落幕。

台灣的原能會對這些大廈都做了測量，估算了輻射的強度，也針對受到輻射的居民都做了詳細的紀錄，並估算出這一萬人所接收到的輻射劑量，也開始進行他們在醫學上做必要的檢查。從一個當事人的角度來看，可以想像到當時受到輻射的居民，在心理上所承受的壓力與產業上會發生的紛爭都是負面的。但事後發現輻射對健康產生的影響，卻是正面的，這樣的結果是始料未及的。

這個故事結束後，因為有關的資料收集的頗為完整，符合科學研究案的條件。在 2007 年有十四位台灣與美國的專家學者，聯手做了一完整的

報導，發表了一篇學術論文，刊登在國際激發學會的期刊上，這個期刊是 Dose Response，5，63，2007，International Hormesis Society。這十四位作者來自醫學與核能兩項專業，這個報導是根據他們所進行的一項研究，這是一個頗有規模的研究，研究的報導有確實的數據，深入的剖析，與紮實的理論基礎。這篇論文也做了醒目的呼籲，重申現在輻射劑量的法規基礎有再議的必要，也就是說在核能醫學上多年所依據的線性無底限模式，並不能反映出醫學上的實際情況。這一節所做的闡述也是根據這篇報導，來說明爲什麼核能與醫學業界開始質疑現在輻射劑量法規的基礎，因爲這篇報導很清楚地呈現了一項重要的科學證據，能夠支持低輻射劑量有免疫功效的論述。

這一萬人居民可以分成三組，依照他們所接收的輻射劑量來分組，用以辨別他們健康受到影響的程度，決定所需要的醫療需求，同時也用來與法規上的劑量做直接的比較，檢查輻射對人體的實際影響。現在的法規所制定的上限是，專業人員每人每年不得超過 50 毫西弗（50mSv），一般民眾每人每年不得超過 1 毫西弗（1mSv）。

這三組分類的方式，是比照所接收的輻射劑量來分類，都列在表 9.3 內。這個表也顯示了各組的人數，總共是一萬人，在「高劑量」組的 1100 人中，這些居民所接收的劑量也標示於表內，顯示出他們所接收的劑量都超過了每年 15 毫西弗，但是超出多少，又高達到什麼程度，這要看測量的時間在哪一年。因爲鈷六十強度會在每 5.3 年減半一次，在 1983 測出的輻射強度一定會比 1996 年的測量值高出許多。

表9.3　居民以輻射劑量分組

組別	人數	每年劑量
高劑量	1100	超過15毫西弗
中等劑量	900	在5與15毫西弗之間
低劑量	8000	在1與5毫西弗之間

表 9.4 開始顯示出這個研究方案的結果，表 9.4 顯示出在 1996 年所測量的輻射強度，用以估算出各組居民所接收的輻射劑量平均值。表 9.5 也顯示在 1983 年測量的各組平均值。同時，表 9.5 也顯示了這三組居民在 1983 年至 2003 年個人的累積總量的平均值。

表9.4 三組的平均值1996年

組別	人數	這一年大家的平均劑量
高劑量	1100	87.5毫西毫
中等劑量	900	10毫西弗
低劑量	8000	3毫西弗

表9.5 三組人的總劑量

組別	人數	1983年的每年平均劑量	1983年至2003年個人平均累積總劑量
高劑量	1100	525毫西毫	4000毫西毫
中等劑量	900	60毫西弗	420毫西毫
低劑量	8000	18毫西弗	120毫西毫

有一個很關鍵的觀念必須要提出來說明，表 9.5 的最後一個縱格，顯示了高劑量的群組，他們接收的累積劑量平均達 4000 毫西弗，即 4 西弗，這是一個很高的數值。這個劑量與前面的章節所呈述的死亡劑量都屬於同一層級，這包括了原子彈爆炸受害人，實驗室臨界事故當事人，與蘇俄查諾比核電廠爆炸的救火人員。這些受害人都因為接收到高劑量輻射而在短期內死亡。表 9.6 把這些事故的死亡劑量列在一起，與台灣輻射鋼筋的居民做比較。

(三) 居民的驚喜

表 9.6 顯示出台灣輻射鋼筋的居民接收的總劑量高達 4 西弗，與其他核災或核爆受害人接收的劑量非常接近，但是台灣的居民不但沒有死亡，

反而他們的生癌率比一般人還低許多。意味著這是一種增加抵抗力或免疫力的產生，來自輻射劑量的效應，台灣居民與另外三類事故不同的地方，是台灣居民累積輻射的時間，長達 20 年，這是一個研究輻射對健康效應的重要參數，它表示了只要輻射強度保持低值，既使總累積輻射劑量呈現很高的數值，仍然不會造成對健康的威脅，反而產生了「激發」效應，增強了免疫力。

表9.6　各事故的高劑量與效應

事故	劑量	輻射接收時間	效應
二次大戰原子彈受害人	4～6西弗	瞬間	數週內死亡
實驗室原子彈材料實驗當事人	6～13西弗	瞬間	數週內死亡
蘇俄查諾比核電廠爆炸救火人員	13西弗	數小時	數週內死亡
台灣輻射鋼筋居民高劑量群組	4西弗	20年	健康又呈低癌率

　　真正的證據能夠支持低強度或低劑量輻射有益健康的論述，都顯示在表 9.7 裡。圖 9.3 顯示了輻射鋼筋居民一萬人的癌症死亡率與一般民眾在的癌症死亡率，兩條曲線展示了它們在二十年內的變化。在圖中在上面的曲線是代表一般民眾，在下面的曲線是輻射鋼筋的居民，兩條曲線顯示了非常明顯又相距頗大的差異。若要做一個直接又簡單的比較，可以取兩條曲線代表的平均值，做一個直接的比較，從一般民眾的曲線所摘取出之數值是，平均每年每 100000 的人口中，有 116 人因癌症死亡，而輻射鋼筋的居民，是平均每年每 100000 人口中，有 3.5 人因癌症死亡。

　　表 9.7 從另外一個角度報導了輻射劑量在不同的群組裡，與使用線性無底限模式估算出的結果。比較了這幾種不同的群組，可以很容易看出低劑量輻射對人體的健康效益。表中展示出三類數據，第一類是一般民眾的癌症死亡率，在 20 年裡，醫院的資料顯示，在 1 萬人中，平均得癌死亡的實際案例是 232 人，如果用 1 萬人，在這段時間內，根據大家所接收的

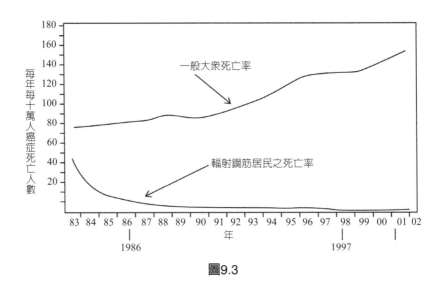

圖9.3

輻射劑量，套上現有法規的線性無底線模式，而從這個模式推算出來的癌症死亡人數，預測會有 302 人死亡。但實際上，這些輻射鋼筋的居民在 20 年內，真正因為癌症死亡只有 7 人。這樣的對照是一項科學上無法不正視的證據，支持低劑量劑輻射可以增進人體健康。

表9.7　輻射居民致癌死亡率與一般民眾癌症死亡率之比較

台灣居民	每一萬人中
一般民眾癌症實際死亡人數	232
一般民眾天生病變實際死亡人數	46
線性無底限模式癌症死亡人數	302
線性無底限模式天生病變死亡人數	67
輻射居民實際癌症死亡人數	7
輻射居民實際天生病變死亡人數	3

　　台灣輻射鋼筋事件，對輻射可以增進健康效益這個議題，提供了一個非常難得又極其重要的科學證據，促使這個事件能夠在這個議題上，做出有力的貢獻。這要歸於幾點因素：

1. 現在世界各地很難能夠有這樣的機會，可以促成有系統、有效率、有連貫性一致性的專業探討，在這個議題上提供直接的科學證據。

2. 台灣醫學的素質與程度在世界排名第二，從醫療追蹤與醫療過程取得所需要的數據，都符合探討這個議題的搜證與在品質上的要求。

3. 台灣的核能與醫學專業業界，對於質疑低劑量法規的認知，已有學術性的認知，而能充分掌握資源與機會，做出對測量與分析從事適當的步驟，收集充分的資料，達成完整的研究。

上面的幾項因素，都是這一個研究案成功的因素，促使台灣的輻射鋼筋事件能夠成功的完成一個完整的科學驗證，提供了輻射可以增進人體免疫力的證據。但同時也印證了為什麼在世界其他地方，若要執行相同的任務，會面臨許多困難，這些困難的本質與程度，可藉由下面正在進行兩個案例，做更詳細的敘述。

二、新冠病毒的輻射治療

2020 年的新冠病毒在全世界肆虐，造成死亡無數，醫學界沒有及時發展出疫苗或特效藥能夠有效的防治這個病毒。全世界確診人數已超過八千萬人，除了很多藥廠在積極發展疫苗之外，醫學界也試圖用各種藥物或醫療方法來控制疫情，許多國家的醫學研究機構，本來就相信低劑輻射劑量有防疫作用，甚至可以有效的防範病變，於是他們開始了用低劑量輻射施用於新冠病毒病人身上，做試驗性治療。這些國家包括了美國、印度、伊朗、西班牙、丹麥、瑞士。

三、輻射治療肺炎始於1930年

　　用輻射來治療新冠病毒的肺炎是有根據的。原來在醫療的歷史上，有過這樣的案例。1930 以前，抗生素尚未問世，醫院曾經用 X 光對嚴重肺炎病人，做照射治療，施用在病人身上的輻射劑量在 30 至 70 毫西弗之間，治療的效果的報導都有記載，結果顯示可以使原來 30% 的死亡率降低，對支氣管肺炎的死亡率可以降到 13%，對葉片肺炎的死亡率降低到 5%。那時候用輻射做治療只是起步階段，還沒有意識到要有全面研究的必要，也未從現代醫學的角度，仔細紀錄病人對各式輻射劑量的反應，再加上 1940 年代初期有了抗生素的發明，於是用輻射治療肺炎的方式，就沒有繼續採用，所有有關輻射治療的議題，也不再探討，輻射治療的特質、輻射劑量與健康關係與輻射治療優化，這許多方面的研究，也都不再被專注。

四、輻射治療在2020年的結果

　　低劑量輻射治療（Low Dose Radiation Treatment，LDRT）這個名詞在 2020 年又開始崛起。但是由於世界上所有這方面的案例，數量尚未多到在統計上可以被認可的地步，加上這個議題雖然被許多專家認定有其正面效果，但是低輻射劑量的健康效益，尚未掌握其理論基礎與全面醫學認知，所以一切 2020 年療效的報導都被謹慎的處理，避免治療結果被誇大其詞或被視為不實報導。

　　目前已報導的治療效果是：經過低劑量輻射治療的病人多數都能縮短其治療過程，而有其正面的療效，但是這樣的治療過程，是否可以斷言能夠治癒新冠肺炎或防止死亡，仍言之過早，畢竟這是一個治療方法的初步階段，是在病毒肆虐沒有解藥的情況之下，一些醫學研究機構積極尋求各

種治療的可能性，才開始試用低劑量輻射治療。但是，若要完全掌握醫學機理，與發展出精確的治療程序，仍然須要依賴更多的案例，與更有效率的機制，投入更多的資源與時間，來執行全面的研究，才能得到完整的答案。美國已經有一群專家，來自有 7 個有名望的醫學大學、癌症醫療中心與研究機構，對目前所有已經得到的結果，共同做了評論。他們一致認爲用低劑量輻射做新冠肺炎的治療是值得繼續進行，也寄望從各種試驗性的治療，可以得到更多科學上的答案。

五、百萬人數據大型研究案

近幾年美國有一個頗具規模的研究方案，要收集與分析有關很多人的資料與數據，這些人都是接收過輻射劑量的工作人員或退伍軍人，要用他們在這七十年裡，所經歷的健康狀況，疾病發展有關的數據，用來建立科學上的基礎，以驗證線性無底線模式的適用性，繼而做爲重新制定輻射劑量法規的依據。

這個方案的名稱是百萬人研究案（Million Person Study），所涉及的人數也正好在一百萬人左右。表 9.8 顯示了這些人的組成份子，所屬的機構或工作性質與人數。

表9.8　百萬人輻射劑量研究方案

管理單位	人員	包括時期	人數
美國能源部	工作人員	40年	360000
美國核能管制委員會	核能電廠員工	25年	150000
美國核能管制委員會	工業輻射操作員	25年	130000
美國國防部	核試爆參與人員	早期	115000
美國癌症研究院	醫護人員	40年	250000
總計	1050000人		

　　這個方案的規模，除了可以從涉及人數之眾多而定位，也可以從所參與與支持的機構看出，這個方案已經涵蓋了廣泛與全部的層面，這些機構是：

1. 美國能源部（Department of Energy，DOE）。
2. 美國核能管制委員會（Nuclear Regulatory Commission，NRC）。
3. 國家航空航天署（National Aeronautics and Space Administration，NASA）。
4. 美國國防部（Department of Defense）。
5. 美國癌症研究院（National Cancer Institute）。
6. 疾病管制防範中心（Center for Disease Control and Prevention Center，CDC）
7. 環境保護署（Environmental Protection Agency，EPA）
8. 國家實驗室（National Laboratories）。
9. 蘭道爾公司（Landauer Inc.）。

　　這個大方案的研究對象包括許多工作性質不同的人員，依據他們所涉及的輻射特性、工作環境與任務要求，分成了 29 個梯隊，針對這些梯隊所具有一致性的特色，各別進行資料收集與數據分析，這些工作正在進行中，目前這個研究方案尚未有具體的結論。

　　由於研究方案的規模較大，加上一些特殊的考量，所涉獵的分析又必須符合科學上的標準，這個方案就就需要較長時間完成，而且又有一些特殊的考量需要處理，這包括了幾種情況。例如：在早年，抽菸人口多，抽菸致癌因素需要與輻射致癌因素分開，早年建築材料中，常含有被廣泛使用來絕熱的石棉，被判斷為致癌物而在近年被禁止使用，它的致癌統計數字，也已經被包括在所收集的整體資料內，因而需要費時理清與分類，才能對輻射致癌的效應做出正確的估算，而得到有意義的結果。

9.5　對輻射的正確態度

　　人們對輻射的恐懼來自於看到早期原子彈爆炸對人體的傷害，核電廠爆炸所釋出的高劑量輻射，造成救災人員死亡，民眾認知了這一切過程的慘況，因而對輻射產生恐懼，這也是一種自然的正常反應，相當於人們存在心中的一種自我保護之機制，驅使人們遠離輻射，各地政府也制定了保障大眾健康的法規，限制人民接收輻射的劑量，杜絕生癌的機率，也是順理成章的措施，即使法規過於苛刻，祇要能效達到防護的目的，採取保守的立場也屬正常。

　　但是近幾十年的數據已經明確顯示，當能致命的輻射劑量大幅減少時，反而對人體的健康產生正面效益，而且這樣的情況往往發生在，輻射劑量稍略偏高於現在法規定的上限劑量，這樣的發現，已經有許多學術報導，出現在學術期刊內或出版的書籍中。這樣的認知，引發了學界與業界開始對現在法規的基礎產生了懷疑，而且也開始冀望能夠審定出更適當的輻射劑量範圍，用以增進健康，並且希望能遵從科學方法來實現完整的驗證。不但如此，也希望醫學界能常規性使用適量輻射當做增進健康的工具，如比照從事打防疫針的實施，但是要達到如此遙遠的目標之前，還有許多工作需要完成。

9.6　繼續認證輻射帶來的福祉

1. 目前仍然有許多研究案例，支持舊的模式，而建議繼續採用保守的評估方式，這包括了一些各地的醫學機構，繼續支持現有法規的立場，當然，從嚴的科學立場，主張在沒有完整的科學證據之前，仍需依賴原來的估算模式，這樣的情況必然有其理由，但不論支持或反對，兩種立場

需從科學的角度，找出差異的原因。

2. 低輻射劑量的激發效應，使人身產生防疫機制，已有多方報導，舉出爲數甚多的研究案例，但是其完整的醫學基理需要有更多資源的投入，做深度研究，才能全面掌握。

3. 已有不少報導顯示，採用現在法規上限輻射劑量的數倍甚至數十倍，只要瞬間性的輻射強度不高，可以呈現健康效益。但實際數字，仍然有待審定，不論是爲專業人員，要審定出新法規的上限劑量，或者爲一般大眾設計出健康效益劑量，都須要有大幅度的研究做爲基礎，才能完善地制定。

4. 專業人員可能在適當的輻射環境裡，已經能夠得到某種程度的健康效應，但是針對一般民眾，爲健康理由，若要比照打防疫針之策略，讓民眾主動接收低劑量輻射，但是如何執行輻射的實施，仍然需要有特別的專業設計。

10
章

突破性科技

　　2023 年是人工智慧這門科技大放異采的一年，市場上已有實用的軟體來實踐人工智慧的某些工作。許多社會學家與經濟學者也預測許多工作會被淘汰，而代之的是以人工智慧為主的科技，意味著世界的進步，會給人類帶來許多方便，也能夠翻轉生活的形態。更重要的是這門新科技能夠應用到許多能源方面的領域，而會帶來舉足輕重，影響後世的重要進展。

　　這本書所涉獵的主要議題有三：核廢料處理、核燃料循環與防範核擴散。而人工智慧在這三個領域的應用，能夠克服許多技術瓶頸，而帶來突破性的進展，使這三個議題可以因為在技術層面的進步，而提供更好的解方，更使得這些議題在策略執行上，能夠加速又順利的進行，也能夠帶來更多的經濟效益。

　　人工智慧的應用，需置入機器人內來主管一切操作，才能在核能發展上有實際廣泛的應用。而且，對這本書中所提的三大議題之解方上，更可以積極發揮重大效果。雖然機器人在三哩島事故後，開始引入注目，可是多年以來，機器人在核能領域中的使用並不普遍。蘇俄車諾比核災與日本福島核事故發生時，也嘗試使用機器人來執行救災任務與事後善後的處理，但是並不成功。不成功的原因，會在這章有詳細的說明，並且針對這些失敗的原因，與主要的技術瓶頸也在此會作進一步分析，也會有更進一步的敘述，來解釋如何加入人工智慧就可以克服這些瓶頸，因為所涉及的技術層面與使用範圍都很廣泛，細節說明如下。

10.1　輻射是處理核廢料瓶頸

　　懼怕輻射是人們反核的主要原因，而核廢料正是輻射的根源，為了避免輻射對人身造成健康上的影響，防範輻射的機制是必須的，建立輻射屏障的工程措施是所有核能設施必有的考量。這類的工程措施也是核能發展的主要成本之一，處理核廢料與核燃料循環的再處理過程中，除了有防

範輻射的需求上之外，還須設計出再處理的操作過程與運輸的機制。這一切的要求更會增加成本，也使處理核廢料與核燃料提煉的工作，增加困難度，形成了核能發展的一個瓶頸。

蘇俄車諾比核電廠事故發生時，核反應爐的爐心燃料與材料都爆出爐心，散落在廠邊的空地上，導致不知情的救火員因受到超標輻射而使得死亡人數達 31 人，散落在外的爐心材質呈高度輻射而難以接近，使得鏟除移走的工作無法進行。事後處理的解方，依賴了上萬人軍隊來移走這些高輻射物質，移走的動作，為了減低個人所受輻射劑量，每人只能迅速進入高輻射地域，移走小部分的高輻射物質，使個人所受輻射尚不達危害健康的指標。但是這樣的安排，會使所需的人力的總量達到一個龐大的數字，整個過程是一個高成本的救災行動，重點是涉及處理高輻射的成本一定是很高的。

日本福島核災的善後處理也是成本極高的工程，有三個核反應爐因為海嘯衝壞了電源與送水設施而導致爐心熔毀。高溫熔化的物質，墜落到壓力鋼殼的底層，而熔穿鋼殼，使高輻射的爐心物質，流出至外界，使最後一層能夠包容核廢料的鋼殼失去作用，造成高輻射外洩的危機，形成一個難以處理的問題，雖然這個核災並無人因為受到輻射而危及人身健康，但是因為輻射物質的失控，與輻射的超標劑量使得善後處理變成一個成本極高，也會費時數十年之多的工程。

在蘇俄車諾比核災與日本福島核災進行救災時，都嘗試使用機器人或類似的機械裝置來做救災與善後的工作，但都不成功。當然福島的輻射區域，因為現場凌亂，遍地都是堆積成丘的破壞材質，處處呈現機器人行動上的障礙是失敗的原因之外，兩次核災使用機器人或裝置失效的共同原因是，現場輻射太強，輻射呈現的電磁強度，會破壞機械裝置內的電子電路，也嚴重干擾了由外界人為控制的操作，使用機器人的使用完全失敗，迄今核災的善後處理，仍然是一項未來至少需時三十多年才能完成的任務。

10.2 | 輻射環境機器人之使用

核燃料循環或再處理設施內所呈現的高度輻射，與福島核災現場的惡劣環境，都有迫切的需要來發展更進步的機器人裝置來處理現場，與提供高效率的操作。目前也有一些核能電廠，在進行例行的維修時，也採用了機器人式的裝置來操作一些檢查與修理工作，以減少員工在輻射環境內所受到的輻射劑量。雖然這些一般維修上所需的規格，並沒有比照使用於高度輻射環境的嚴格要求，但是更新、更進步的機器人仍然能夠執行一般維修的工作，而不需要付出特別超出的代價。雖然核能設施內，在不同的情況或設備裡，輻射程度會有不同，但是不論是任何程度輻射的環境，使用下一代機器人，必然能夠增進工作效率，又能大幅降低人員受到輻射劑量。

一、核事故與一般維修的案例

核事故所安排的機器人裝置與一般維修所使用的，都在此做一些簡單的回顧。讓大家了解在核能工業界這方面的科技被利用的程度與概況，由於核能設施往往呈現輻射環境，機器人裝置或類似的工具是應該被大大利用的，可是基於所有應用上的需要並未統一，而且一些技術瓶頸仍然存在，而使得目前利用這類科技的市場並未被積極開發。但是近來新科技的問世，尤其有實用性的人工智慧技術已經成熟，使用人工智慧的功能置入機器人裝置內，可以拓展新功能的設計，克服現有的瓶頸，可以輕易的針對不同應用的特殊性做調適，而讓機器人裝置在輻射環境的應用上能夠普及化。

表 10.1 所呈現的是三次重大核事故，用了機器人裝置進行處理的情

況，這是一個簡單的概要。它要表達的結論是現代機器人裝置，並沒有被積極發展出全面的功能，而只執行了局部的任務。

表10.1　三次核事故使用機器人裝置概況

事件	發生時間	使用機器人裝置件數	評論
三哩島	1979年	2	事後清除熔化爐心收集資訊
車諾比	1986年	5	礙於現場凌亂與極端輻射程度而無法有效使用裝置
福島	2011年	12	礙於現場凌亂與極端輻射程度而無法有效使用裝置

　　一些核能電廠已經使用機器人裝置做一般性的維修工作，而獲得到許多效益，這些維修工作的特質可以做以下簡單的分類：

1. 監控物理參數，如輻射程度、溫度、濕度、噪音、震動或液體或氣體外洩情況。

2. 檢視安全情況，如針對人員進出危機區域，或對一些測量讀數超標而作警報等情況。

3. 檢驗一些設備的狀態，如確定開關位置，對管路作 X 光檢查，對散熱或漏熱之管道，焊接處作檢查等。

4. 從事維修保養之工作如修理閥門、更換濾網、設備移位、噴砂磨層、噴漆、桶池清滌、移走石棉、進行焊接等。

5. 進行救災，如滅火、清除漏液、取回失物、攝取鬆落部件、人員救治等。

　　使用機器人裝置進行維修服務的效益，可以簡單的歸納如下：

1. 減少人員承受的輻射劑量，也可保護人身安全。

2. 減低人員在輻射區域之工作時間。

3. 減少所需工作人員總數。

4. 減低工作引起的身體傷害。

5. 增加人員工作效率。

6. 減少人員在輻射區域工作所需的控管工作時數。

7. 減少了爲工作安全所需的特別防護設備、工具與衣著。

8. 減少了工作人員所產生的廢料。

9. 電廠可以不必爲了某些維修工程而關機停止發電。

　　以上所陳述是使用機器人裝置在做普通維修時的效益，但是一旦新發展出來的機器人裝置，在採用人工智慧的技術後可以發揮更大的作用，改進全程核廢料處理，與核燃料循環之再處理過程，使之完全自動化，而使得整體核能產業提升至另一個高度層次，同時由於人工智慧的採用，對於防範核武擴散也有實質上的績效。

　　置入人工智慧的機器人裝置，能夠從事的功能可以從下列敘述的規格談起，也會對目前技術層面的瓶頸做進一步的解說，同時也闡明這些瓶頸如何突破與突破的主要關鍵是什麼。

二、新進規格上的要求

　　適用於輻射環境的下一代機器人所具的規格可以分爲下列五大部分：

1. 機械設計

　　功能包括機械手，可執行開關、舉重物、工業操作動作。機械腳輪，可走動，並且能夠做到跨越、攀登等動作。

2. 感測功能

　　可以感測環境之基本物理參數如溫度、濕度、壓力、輻射等，新型機器人置有分辨各類輻射的偵測器，與測出輻射之能量分布（energy spectrum），作同位素辨識之用。

3. 內部自備電源

　　除了裝置強力與高容量電池之外，也有再充電的功能，與自我診斷與

安排再充電之機制。

4. 電腦與智慧型控管電子電路

機器人需要裝置可以自動操作的電子電路，與鉗入人工智慧的晶片固件，用以控制機械動作，以便執行在輻射環境中器皿與工具的操作。

5. 與外界溝通之機制

置入電纜或機械式溝通機制，做為傳達指令給控制機器人之用，與賦予輸回控制室所偵測數據的功能。

6. 自我分析與診斷之能力

機器人的人工智慧可以做即時判斷而自動執行所賦任務。

三、高規格技術上的困難

近年機器人的科技已呈現日新月異的進步，目前工業界與民用的機器人或機器人裝置，已經開始出現商業化的應用。但是這些機器人只能從事一些簡單的動作，尚不能適用於核能設施中或福島核災現場裡執行特殊任務。不能適用的主要原因是高度輻射會破壞機器人內的電子組件，也會干擾通訊而阻斷外界控管的機能。這兩大問題使現代機器人沒有能力執行在核能設施內的流程或清理核災現場的工作。克服這些困難有需要進行這兩方面的改造，才能在核能工業界做大規模的使用。

要克服這兩大問題所需要的改造，一是設計並設置輻射屏障於機器人身上與電子零件中，二是人工智慧的置入機器人內，使之有接受預訂的指令之後能自主執行任務。這些問題所涉及的議題會在後續針對不同性質的技術，作進一步的說明。

(一) 機器人操作

現在市場上的機器人已經可以完成許多成熟的動作，針對高輻射環境

的要求，機器人需要置入人工智慧來主動操作汽油驅動重型機械，如挖土機、拖曳機或電鋸。因為汽油引擎型的重型機械，基本屬於機械運動，鮮少依賴電子電路做控制用，不易受高輻射影響，機器人只需增強防範高輻射影響，而能保持自我運作之功能。加入人工智慧，可以自我研判而駕馭重型裝備，受得事先輸入的指令之後，就有能力能夠從事核災現場之清理工作。

機器人在處理核廢料時，或在再處理廠房內工作，或在燃料提煉設施裡操作，所賦予功能的要求，與上面所述之應用略有不同。因為這些設施涉及一些重要化學或物理過程，需要在器皿的操作上有更精準的拿捏。機器人操作的敏感度需要增強，並有能力防範高度輻射對敏感度造成危害。

(二) 測量輻射能力

機器人如果能夠在高輻射環境中工作，從事核廢料處理與核燃料提煉的工作，可以把核能發展的速度提高到另一個更高的層次，能夠達到這樣的能力，機器人必須在規格上也有更高的要求，那就是機器人不但能夠測量輻射劑量，也必須有分辨輻射特性的能力。這個能力包括除了可以偵測出輻射的種類之外，還需要能分析出輻射能量的分布。輻射的種類是指中子、阿伐射線、貝塔射線與迦瑪射線。偵測輻射能量的分布是指針對輻射的不同的能量值各有多少含量，因為機器人可以根據能量的某些特定值，才能判斷某些同位素的存在與數量，這些能力的置入都需要使用各式輻射與粒子偵測器（detectors），與配合的能量分布分析的機能，才能夠成功的達到這項需求的標準。

(三) 隔離高輻射干擾

隔離高輻射的干擾包括兩項規格，一是避免輻射造成電路的損害，另一個是有判斷分析能力來屏除高輻射在粒子偵測器所造成的高背景值。前

者涉及硬體的改進，這包括所有使用的電子零件須加強防範輻射的功能，機器人也須裝設輻射屏障之物件。屏除高輻射在粒子偵測器所造成的高背景值，涉及訊息處理的機制，屬於軟體應用在統計上的程式，這一切都可以在人工智慧的操作下進行。

(四) 具自主判斷力

機器人可以根據所偵測到各類訊息，如溫度、壓力、阻力、輻射劑量、輻射類型可以自行判斷自身處境與四周環境，這些功能的依據是從人工智慧中已置入之智識中，搜索出能夠印證的信息，再進行分析而作出結論，繼而依據已經輸入的指令而採取行動。譬如機器人身附的輻射偵測器，可以從輻射信息中，用輻射的性質，與測到某一能量值，再做能量分布分析（spectrum analysis），可以判斷出輻射源的同位素與數量，然後可以自主做出選擇做下一步的行動。在核燃循環的提煉設施裡，可以進行器皿操作，從事化學提煉的過程；或者，在嚴重災區中，可以進行切割動作，再從事搬運遷移作業，建立輻射屏障，有效的處理核災產生之高輻射廢料。這一切的要求，說明這型機器人在人工智慧上的規格，需含三大部分：能夠 1. 輸入知識，2. 自行判斷，3. 從外界輸入指令。

(五) 認知任務指令

第一代智慧型機器人由於在使用這類科技仍在起步階段，在發展認知功能上，一定會有某些程度上的限制，但是若只要求適用於某一特定的環境中，在規格上的要求上就不會複雜。例如，若所設計的機器人只針對核燃料提煉廠的應用，它的主要任務是從事化學處理的一系列流程，執行任務從技術上的角度來看，所要求的規格之範圍會被限定而變小。因為所適用的環境只是以識辨化學溶劑與同位素為主，只要同時能夠執行機械式之動作，加上有靈敏度之機械手做精準之操作，就可以使整個流程達到自動

化，而形成具有安全性與高效率的核燃料提煉生產線。因此這型範圍不大的規格，就容易適用於第一代智慧型機器人。而且，由於所需要的應用只需適用於核燃料提煉的廠房，設計輸入指令的要求只須針對提煉過程而設計，就足以完全任務。

另外一個適用的例子是，當機器人賦以清理核災現場的任務時，人工智慧所接收的指令，也將會是一組完全不同的電腦語言，需要事先輸入，讓機器人能夠明確的接受不同的任務指令，並且遵從指令完成工作達成任務。由於適用於清理核災現場的指令不同於核燃料提煉流程，機器人須具備接受新指令的功能，也能夠遵從新的指令而自動完成工作。

(六) 執行機械操作

執行任務時，機器人依據對現場辨識的功能，可以判斷工作的狀態與目標的差距，而自行執行機械操作程序以達成目標。目前，市場上已有許多商業機器人能夠從事許多基本的操作。但是，針對高輻射環境的牽制，執行機器人的動作在規格上仍需要增強，這些增強的規格包含下列幾項：

1. 許多機械人的自動操作依賴壓力感應器或行動感應器，這些感應器的功能是把機器人之手、腳或身體所承受的壓力或觸壓，轉換成電子訊息，在電路內被處理作判斷之用，這些感應器需要具備防範輻射損害的規格。
2. 機械人的動力若來自電池，則電池須具備防範輻射損害的規格。
3. 傳輸指令之電子訊息依靠的電路亦須具備防範輻射損害的規格。

10.3 今年的新科技

很多人工智慧的產品已經開始問世，這些產品的功能與特性也漸漸被世人了解，很多新的領域可以開始應用這些產品而增長工作效率，發展新

型科技，也可解決現代的一些工程問題，與棘手的技術瓶頸。發展第一代智慧型機器人在高輻射環境中從事操作，可以大幅增加效率與漸少輻射對人體的危害。

一、人工智慧

　　現在要開始討論一個重點，適合於輻射環境的機器人所需的的人工智慧，與市面上已有的產品所具備的特色有所不同。不同的地方在於商業性產品的機能已經非常強大，但是應用於核能設施類型所需要的機能卻有所不同，因為與核能設施有關的特定物理參數，與已經成熟的人工智慧所包含的知識領域截然不同。因此商業化的人工智慧所適用範疇並不能夠直接套用在輻射環境下的應用。所以在設計有特殊任務的新型機器人時，在人工智慧的發展上，會採取不同的策略。實踐新的策略並非意味著一定會面臨瓶頸，只是需要經歷一段研發過程，因為編纂人工智慧的原則已經被業界掌握，所需要完成的工作是改變適用的範圍與研製專用的晶片。所以，成功的發展出這類機器人有極大的的可行性，其可行性的依據在此有進一步的討論。

　　市面上的人工智慧所依據的科技有許多重要特質，其中兩項特質，可以針對適合於核燃料設施之機器人之要求，在規格上做適度之改變與調整，就可以進行下一步的發展。這兩項特質是，市面上的人工智慧所依據的是直接使用已經成形的大型資料庫，或俗稱的大數據，而且所使用的人工智慧須與大數據直接連接才能使用。但是，適用於輻射環境的人工智慧，沒有適當或成熟的大數據，也因為無法直接對外連線而無法用到外部的大數據，這兩個問題，意味著發展適用於輻射環境的人工智慧必須另覓解方。這個解方就是，這型機器人須具備自用型置於自體內的人工智慧專屬晶片。

二、特製獨特晶片

　　研發適用於輻射環境的機器人所需要的人工智慧，所需要完成的工作，基本上可以分為三大類：

1. 採用成熟的人工智慧技術來發展出基本電腦操作指令做基礎，來設計機器人的主要運作系統。
2. 研製與輻射環境有關的資料庫，例如資料庫包含各類同位素的特性，作為識辨的基礎。
3. 製作特有的晶片，其功能包含上述的兩大規格與能夠指揮機器人的一切動作。

三、研發特殊功能操作

　　為了爭取時效，第一代機器人只能適用於單一類型的環境，即專用於核燃料提煉設施之機器人，或者專用於適合處理災區的機器人。兩者採用不同的人工智慧，是為了要執行不同的任務，而各自賦予不同的功能，各自的功能都必須針對有不同特色的現場，而賦予不同的操作能力或機能，以完成性質截然不同的工作。因此，在研製晶片時，針對這兩類不同類型的機器人，必須各自設計出不同的晶片。

　　設計與製造特色晶片已是一項可以實現的目標，製作晶片的技術已趨成熟，美國矽谷與台灣在這方面的技術已經享譽國際，而發展在輻射環境機器人的特色晶片，是一項順理成章的下一步進展，所需完成的工作是綜合前面所敘述的數類規格，進行實質的設計，再完成晶片的製作。

　　這裡有另外一個極其重要的重點：能夠早日完成設計在輻射環境工作的機器人，就能掌握增強核燃料提煉效率的技術，而在核能發展上奪得先機，進而在世界的經濟、政治與其他領域上拔得頭籌。

10.4 適用範圍

目前的討論專注於發展適用於輻射環境的機器人，其主要目的是這類機器人能夠解決三大議題的技術瓶頸，這三大議題就是：1. 處理核廢料，2. 核燃料循環之提煉或再處理，3. 與防範核武擴散的機制。針對這三大議題的解方，發展成型的機器人針對一些核能設施，會各自面對不同的工作的範圍、場合與應用的程序，從這些核能設施的角度，來詳細說明機器人的主要任務與所必需具備的規格，會在下面一一陳述。

一、提煉廠

核燃料提煉廠與再處理之設施有相同的製造過程，有用已經成熟的化學法，或現在正在研發的物理法，都可以依賴機器人的操作來增強效率，減少安全事故，避免人身健康威脅。化學法用強酸與一些特殊溶液，可以分離出鈽與鈾元素，再繼續使用其他不同的溶液，把核分裂衍生物分離出去，而達到提煉的目的。物理法是高溫電解法，採用適當的鹽質，達到高溫，變成熔液，可以進行電解程序，而有效的分離鈽與鈾，與次錒系元素。

這些處理的過程都有一共同性，都會面臨高度輻射的環境，針對這個情況，使用機器人進行制式的操作，是針對技術瓶頸問題的一大解決方案。

二、再製核燃料廠

製造新燃料的設施所面臨的輻射並不多，但是使用提煉出來的鈽與鈾來製造燃料，因為原料來自已經使用過的燃料，就會面臨可觀的輻射環境，而使用賦予人工智慧之機器人，可以減少許多程序上的困難。這些設施的任務，也會因為需要製造鈾與鈽成分比例不同的燃料，而使設計機器人在規格上有更多的要求。再者，核燃料若加入次錒元素於內進行焚化之機制，更會增加其困難度。鈾鈽成分比例不同的核燃料，是針對不同類型的快中子核反應爐的需求，而加入次錒元素的核燃料是供應給加速器驅動次臨界核反應爐所用。這兩類核反應爐都是核燃料循環的主要運行之機制，可以做發電之用，又可以消耗已經累積的核廢料。

三、同位素製造廠

許多同位素具備一些特殊的放射性功能，在工業、民生與醫療上已經展現了非常出色的效益，在近數年裡這些同位素的應用又被大大提升，針對這許多同位素的供應，許多商業團體也在近年紛紛成立，目的就是要確保同位素的來源不會發生影響，對市場的供應不會中斷。同位素生產的一項主要機制，就是依賴在核反應爐的核子反應來製造，這樣的過程就相當於從核廢料中提煉出所需要的同位素。所以，從核廢料或核反應爐中，取出一切有特殊用途的同位素，也是一項重要的生產性工作，而這類工作也涉及輻射環境內的操作。所以，使用特別設計的機器人就會增強效率，也可避免一些人工操作所考量的安全議題。

四、核廢料處理廠

核廢料處理所執行的任務，包括了有輻射物質包裝工作、輻射物資的運輸動作與存放地底之置放工作。除此之外，如果有需要涉及這些物資之玻璃化或固化的程序，使用專用的機器人就可以增進工作效率，執行工作到位，也能針對一些安全的考量，設計在機器人的人工智慧裏與機械程序中，增加安全措施的機能，就能達到目的。

五、人工智慧防範核武擴散

前面所有的討論，都已經標明使用機器人在輻射環境裡工作，可以有高效率地完成使命，又可以減低對人體健康的威脅。這裡要討論的是一個嶄新且非常有創意的使用領域，那就是充分利用人工智慧來扮演防範核武擴散的角色。

世界上幾乎所有的國家都與國際核能總署簽了盟約，願意一起努力防範核武擴散，在盟約中也簽署了意願，同意不會發展核武，也不從事核武之生產。盟約也列出條款，授權給國際核能總署可以派員去該國，監督所有核能設施，以確認核能設施內沒有建立核武生產之機制。核能總署也被允許可以進入核能廠房做細節檢查的工作，檢查項目包含偵測是否存有紀錄以外的多餘之鈽或鈾，甚至可以執行偵查程序以判定是否有移走鈾或鈽之痕跡或意向。這類檢驗工作，需要有特別專長之人員，在受限的環境裡與呈輻射的區域中進行檢查工作。對國際核能總署而言，這也是一項成本甚高的負擔，對工作人員也在安全上也面臨一些挑戰。

人工智慧正好可以被用來在核能設施內執行防範核武的機能，可以用所附設的偵測器，偵測出輻射的特質，根據輻射的特質，可以研判出正在處理的物質所含的鈾或鈽之狀態，也能夠根據特製晶片內已經輸入的智

能，再加上現場所觀察到的配置或組態，而對可疑的情況做出研判。利用機器人的人工智慧，針對這項工作，能夠發揮極高的效率，不但可以迅速達到任務，也能減少人員在安全與健康方面的威脅，甚至避免執行這類任務時可能發生的衝突。

上面所陳述的方法是使用機器人內的人工智慧來執行防範核武擴散的檢查工作，可以視同國際核能總署派員到實地執行檢測與驗證的工作，因為這個方法只是以機器人替真人而已，這類機器人的使用可以被視為使用的工具被提升功能，而並無超出各國已經的簽署盟約所議定之範疇。

利用人工智慧做防範核武擴散還有第二個方法，這個方法在執行的技術上能夠更準確的偵測出鈾與鈽的含量與去向。但是，要能夠實施這個方法，必須對已經簽署的防範核武擴散盟約，有必要增加一項條款，闡明這個方法的使用，因為實施這個方法，是否超出盟約的範疇，尚有商榷的餘地。

這第二個方法是針對各國已經使用了自動化的提煉設施，或核燃料再處理廠，與核燃料再製造廠，進行更有效率的監控。這個方法的主要機制是，在這些設施裡，在他們的特製人工智慧晶片中，多添增一項機能，要在使用人工智慧機器人或半自動化之操作的同時，直接對鈾與鈽在製造或再處理之過程中，進行同步與即時的追蹤。追蹤的方式，包括偵測這兩項元素在各處操作過程之某些節點的位置上，紀錄鈾與鈽的數量與狀態，從收集的資料可以做即時的研判，地主國是否進行了可疑的程序，有製造核武的準備或意向。換句話說，這個方法的原則，就是利用機器人在執行工作時，也完成了監督的任務，國際核能總署可以依據機器人收集的資料，進行即時之研判，而能夠迅速完成分析得出結論，這樣的安排，有許多好處：

1. 可以正確又迅速收集資訊。

2. 可以避免人員在執行任務時的安全與健康之威脅。

3. 可以避免一些不必要的政治衝突。

4. 具有嚇阻效應，阻止製造核武之意圖。

5. 因為減少核武擴散之慮，而能進行有規模的核燃料提煉政策，提升核能
　 發展。

10.5　人工智慧是三大議題解方

　　用人工智慧機器人在輻射環境工作，可以對此書所討論的主要三大議
題提供解方。近年人工智慧產品已趨成熟，利用人智慧發展特色晶片，置
於機器人中可以從事自主的操作，大大提升工作效率，減少輻射對人身健
康之威脅，同時也可探測出在核燃料處理廠房中，被處理的核武原料有沒
有超出常規之狀態。針對這三大議題：1. 處理核廢料，2. 核燃料提煉再處
理，3. 防範核武擴散，使用人工智慧機器人都能提供技術難題的解方。

　　現代機器人尚不能執行上面所述之任務，是因為高輻射會對由外界行
使的電子操作有破壞作用，解決方法是使用有自主性的機器人，加上輻射
防護之機能，即可解決目前技術上的困境。機器人的自主性來自授予指令
的人工智慧，而此類有特色的人工智慧之建立，來自使用已趨成熟的人工
智慧產品為基礎，再加工製成有特色的晶片，置入機器人內，讓機器人有
自主性從事在輻射環境的工作。這方面的科技能夠使核能的發展提升到另
一個更高的層次，增加能源產業效益而造福人群。

11
章

結
論

因爲懼怕輻射而排斥核廢料是不必要的。的確，核廢料的輻射性很高，但是世界各地幾十年來，因爲超標輻射而引起危害健康的意外事件是少之又少，所有的核能設施，都設有嚴密的防範措施，使人們避免於輻射的害處。世界三大核災，從科學上的證據來看，1979 年美國三哩島核事件與 2011 年日本福島核災，並沒有任何因輻射而引起病患與死亡。1986 年蘇俄車諾比核災發生時，超標輻射的物質因爲爆炸而散落廠區，促使不知情的救災人員與廠內員工死亡達 31 人，這個實際的數字與網路傳播的謠言相比，有天壤之別。所以，採用核廢料的安全防範措施的確重要，但是對它有懼怕的心理是不必要的。

不僅如此，對核廢料的態度須以重要資源對待，因爲核廢料內所含資源的價值並無上限。這些資源有待開發製成各式產品，用於醫學、工業、民生用品、能源應用上都有無限的潛力。與廣大有待開拓的市場相比，已經在治療癌症方面所需要的同位素，呈現供不應求的現象，工業上也往往使用同位素在工業上做測量用，在火星上已經有兩輛休旅車型的探測車，正忙碌著測量工作與傳送相片回地球，而這一切所需要的電力，是來自核能電池。如今美國太空總署又忙於開發新式的核能電池，而新式能源元素要從核廢料提煉出來。這只是幾個簡單的例子，用來說明核廢料的價值所在，而且價值的肯定與數值也正在日日上揚。

要把用過一次的核燃料當然成廢料，而希望能夠早日掩埋在地底深處，是一個短視而缺乏遠見的態度，就地覓處掩埋，或做深層地底封閉處置，以短視的眼光來看，可以省去不少麻煩與紛爭。這樣不必面對諸多輻射帶來的不便，也可不再面對居民的憂慮，既使犧牲核廢料內有價物料之經濟價值，就選擇放棄也是一個簡單又直接的方式來處理核廢料。

若選擇地底掩埋面，固然無可厚非，但是仍有兩大議題要面對。第一個議題是放棄核廢的經濟價值，視同我輩人士已經替後輩或未來世代做了選擇，選擇犧牲掉核廢料所帶來的一切經濟價值，相當於我輩人士因爲陷在懼怕輻射的泥沼，而不願在核能發展上做足夠的投資，包括教育上的投

資與財務上的投資，寧願選擇捷徑，有早日掩埋就可以早日結案的心態。這種心態將會使國家或社會，在經濟上、政治上、國際競爭力上付出慘痛的代價。

核電大國與非核電大國對核廢料處理的觀念與策略有很大的不同，這是因為核廢料這個議題與另外兩個議題不可分割，而會面對不同的局面，這兩個議題是：核燃料之提煉再處理與防範核擴散。由於這兩個議題對核電大國與非核電大國有著完全不同的意義，就會因為需要尋求不同的解方而呈現不同的意向，於是這兩類國家就會有不一樣的使命，而採取不同的策略。

對核電大國而言，須進一步展開有效的核燃料循環機制，維護原始核原料所帶來的福祉，更要積極促成國際核燃料聯盟能夠早日形成局面，以確保防範核武擴散之效果。

對非核電大國而言，因為缺乏再提煉的技術，所以在核能發展上很難發揮主動性，即使有發展再提煉技術的意向，也會因國際政治壓力，與簽署了防範核武擴散國際盟約所造成的限制，而無法自由發展此類技術。在這種情況下，就必須努力進行適當的遠程策略，以優化手中核廢料之價值為主要目標，立即開始執行迫在眉睫的任務。這些任務包括了成立專屬核廢料管理機構，應用核廢料會計學的概念，對核廢料從事造冊、分析，並登錄核廢料內含物料之成分，做為國家資產基礎。同時也有必要大量培養核能人材，準備面對國際核燃料同盟之形成，在與國際市場接軌之日，能夠有效率地參與核廢料貨幣制度，而能夠正確地認證所擁有核廢料在市場之價值。國會也須立法，以認可並保持核廢料資產管理之機制，不會因為執政者之變動而有所改變。同時，所有用過一次之燃料，一切以乾貯存為主要制式，做為長期性的，為期 20 年至 50 年之久的儲存。這也並非一種永久性的儲存，這個形式的儲存有利於他日之參與國際聯盟的外送，也方便於他日自己再取出來進行提煉。乾貯是一個安全又有效率的方式來存置核廢料，因為這個方式又方便於他日容易取出做接軌至國際機制之用，須

在廢料處理的政策上列為最優先的考量。

為了隔絕核廢料的輻射，準備把核廢料掩埋於地底深處也是一個合理的選項。許多核電大國並不一昧地決定要把用過一次的核燃料棒視為核廢料，而直接送入地底深層存場做永久性的掩埋，而是選擇提煉之路，先把這些核燃料棒裡面的鈽、鈾取出再用，甚至也取出高放射性的次錒系元素，做為加速器驅動次臨界核反應爐的燃料，做發電之用也一併焚化了高放射性元素，所剩下少量而無用的核分裂衍生物，礙於它們的放射性，就送入地底深層儲存場做永久性的掩埋，這個做法是一個可對三大核廢料處理所面對的議題，所提供的一個共同解方，這也正是大多數核電大國所選擇的選項。這些核電大國已包括：英國、法國、中國、俄國、日本。另外兩個核電大國，美國與加拿大尚未正式宣示這個立場，但是一切跡象顯示了他們朝著這個方向進行做了準備。

另外還有一個很先進的態度來面對核廢料，那就是核廢料是質能轉換之機制已被啟動後的產物，而且這個產物是仍然繼續綿綿不斷在進行著質能轉換的機制，代表著一項求之不得的成果，這個觀念要從愛因斯坦的質能轉換說起，一百多年前愛因斯用 E 等於 M 乘以 C 的平方這個數學公式，表達了質量與能量的關係，意味著能量可以從質量轉換而產生。但是那時候，愛因斯坦並不知道如何實現質能轉換的機制，也不在意要如何在工程上執行，才能進行質能之間的轉換，在那時也沒有觀察到任何實際或有實用的方法來執行質量與能量的轉換。一直等到二十年後，一些科學家發現了中子與核分裂現象，才開始觀測到質能轉換的實質物理現象，又在發生這一切多年之後，再由工程師們大費周章地利用所發現的物理現象，設計出今天各地使用的核反應爐，來進行質能轉換的機制，產生可以利用的能量用來發電，討論這些的重點是要說明建設出質能轉換的工程實體來之不易，而核廢料展示的物理現象已經是持續的質能轉換，它的發生與進行也是同樣的來之不易，會給世人帶來無限福祉。只是人們因懼怕輻射而強烈排斥核廢料，而並無準備對核廢料進行全面性的研發，也缺乏意欲掌

握寶貴資源的心態，或有著積極利用這種資源做商業性的考量，而只有準備迅速摒棄的打算，墜入了對新知識與新觀念不能接受的陷阱。1982 年美國國會通過了國家核廢料法案，不但宣示，全國核能電廠產生的核廢料將由國家收回統一處理，同時也核准經費建設地底深層掩埋場，作為核廢料最終處置之用。然而，就在 2018 年 5 月 18 日，美國國會就針對這個法案做了修正，修正的內容只更改了重要詞彙，加入新的文字針對對地底掩儲置場地的建設，必須要有他日能夠再取出核廢料的機制，這一些大費周章的立法動作，意味著核廢料的價值已經不容忽視，也絕對不許立即全面摒棄，必須要有他日取出再用的準備，一切的立法動作都在為他日可能對核廢料的再提煉鋪路．這個法案的全名是 H.R.3053，the Nuclear Wastes Policy Amendments Act of 2018。

　　三十年前，網路世界是一個很難想像的場景，而現在人類文明似乎少不了它。二十年前，人手一隻的手機也是一個完全無法描述的日用品，而現在大家也好像每天都少不了它。重點是，不要低估了新科技產品的發展，也不要輕視新產品會導致翻天覆地的改變，這裡所要談論的是，不要認為在這個世紀內，核能發展會進入另一個更高的層次是天方夜譚，因為最近新問世的科技，已經有強大的功能，會有助於解決核能目前所面臨重大議題的技術瓶頸。譬如，置入人工智慧的機器人能夠在輻射環境內工作，形成了處理輻射物質的自動化，也基於機器人有能力探測核能物資的存在與數量，更有能力執行許多高度困難的任務，這意味著，這型科技的引入，會針對所討論的三大議題提供解方。這三大議題是：核廢料處理、核燃料之再提煉與防範核武擴張。這型機器人的出世會直接解決了這些議題的技術瓶頸，使得處理核廢料更不再會被視為絆腳石，而更能促成核能發展的速度加快，任何國家若缺乏對處理核廢料的策略，不論是近期或遠程的，將會很快的被這個世界淘汰。

國家圖書館出版品預行編目資料

處理核廢料之完整藍圖／趙嘉著. ――初
版.――臺北市：五南圖書出版股份有限公
司, 2023.12
面；　公分
ISBN 978-626-366-846-1（平裝）

1.CST: 核能廢料 2.CST: 廢棄物處理

449.865　　　　　　　　112020619

5DN1

處理核廢料之完整藍圖

作　　　者 ― 趙嘉崇（340.7）

發 行 人 ― 楊榮川

總 經 理 ― 楊士清

總 編 輯 ― 楊秀麗

副總編輯 ― 王正華

責任編輯 ― 張維文

封面設計 ― 鄭云淨

出 版 者 ― 五南圖書出版股份有限公司

地　　　址：106台北市大安區和平東路二段339號4樓

電　　　話：(02)2705-5066　　傳　　真：(02)2706-6100

網　　　址：https://www.wunan.com.tw

電子郵件：wunan@wunan.com.tw

劃撥帳號：01068953

戶　　　名：五南圖書出版股份有限公司

法律顧問　林勝安律師

出版日期　2023年12月初版一刷

定　　　價　新臺幣400元

經典永恆・名著常在

五十週年的獻禮——經典名著文庫

五南，五十年了，半個世紀，人生旅程的一大半，走過來了。

思索著，邁向百年的未來歷程，能為知識界、文化學術界作些什麼？

在速食文化的生態下，有什麼值得讓人雋永品味的？

歷代經典・當今名著，經過時間的洗禮，千錘百鍊，流傳至今，光芒耀人；

不僅使我們能領悟前人的智慧，同時也增深加廣我們思考的深度與視野。

我們決心投入巨資，有計畫的系統梳選，成立「經典名著文庫」，

希望收入古今中外思想性的、充滿睿智與獨見的經典、名著。

這是一項理想性的、永續性的巨大出版工程。

不在意讀者的眾寡，只考慮它的學術價值，力求完整展現先哲思想的軌跡；

為知識界開啟一片智慧之窗，營造一座百花綻放的世界文明公園，

任君遨遊、取菁吸蜜、嘉惠學子！